Begin Cookin

여러분, 안녕하십니까? 저는 코미야마 유우히라고 합니다.

저는 어려서부터 먹는 것을 무척 좋아했는데 지금은 카레의 매력에 푹 빠져 있습니다. 일주일 중 절반은 도쿄의 카레 맛집을 찾아다니고, 지방으로 여행을 가기라도 하면 하루에 카레 가게 다섯 곳을 방문할 정도입니다.

뿐만 아니라 주말에는 집에서도 향신료를 사용해 오리지널 카레를 만들어 먹곤 합니다.

이렇듯 카레에 푹 빠져 있지만 저는 요리 연구가도 전문 요리사도 아닙니다. 단순히 음악을 하는 사람이지요. 그런 제가 이렇게 카레 레시피집을 출간하게 된 이유가 있었습니다. 바로 TV 프로그램 출연 때문이었습니다.

여러 프로그램에서 오리지널 카레 레시피를 소개했는데, 방송을 본 지인과 친구들이 "프로그램에서 소개한 레시피대로 만들어보았더니 정말 맛있었다"고 연락을 해왔습니다. 그뿐만 아니라 일반 시청자들도 "프로그램을 보고 처음으로 카레 요리에 도전해보았다!"라며 긍정적인 반응을 보여주었습니다.

심지어 "20년 이상 같이 살면서도 부엌에는 들어오지 않던 남편이 프로그램을 보고 가족을 위해 카레를 만들어주었습니다. 정말 감사합니다"라는 편지를 받기도 했습니다. 무척 감동적인 경험이었습니다.

'그래, 내가 요리 전문가는 아니지만, '요리하는 즐거움'은 전달할 수 있을 거야.'

이런 생각이 계기가 되어 이 책을 쓰게 되었습니다.

생각해보면 저에게 본업인 음악도 마찬가지입니다.

제가 음악가로서 가장 중요하게 생각한 점은 노래나 악기의 테크닉이 아닌 음악을 듣고, 연주하고 모두와 공유하는 '즐거움'을 전달하는 것입니다.

그것이 이번에는 카레가 되었을 뿐이죠!

여러분이 이 책을 읽고 실제로 카레를 만들면서 순수하게 '즐겁다!' 라고 느끼신다면 이 책의 레시피는 완성된 거라 할 수 있습니다.

자, 함께 맛있는 카레를 만들어보지 않으시겠습니까?

코미야마 유우히(小宮山雄飛)

g with Curry!

카레를 만들기 전 알아두면 좋은
향신료 · 허브

이 책에 등장하는 향신료와 허브를 소개한다.
'통(whole)'은 향신료와 허브의 원형을, '분말(powder)'은 씨(앗)를 분쇄한 것을 말한다.
향의 특징을 기억하면서 조금씩 도전해보며 향신료의 세계를 즐기자.

커민 씨(cumin seed)

대표적인 향신료. 미나리과 한해살이 풀, 커민의 씨를 건조한 것. 톡 쏘는 매운맛과 특유의 깊은 향이 특징. 카레 가루와 가람 마살라와도 배합한다. 모양이 캐러웨이와 비슷해 자주 착각한다. 인도에서는 소화 촉진을 위한 약제로도 쓰인다. 사진은 통 씨앗, 분말도 있다(p.68).

고수 씨(coriander seed)

미나리과의 한해살이 풀인 고수 씨를 건조한 향신료. 조금 단맛이 느껴지는 순한 맛이 나며 레몬, 오렌지와 같은 감귤계 열매의 껍질과 같은 상큼한 향이 특징. 달콤한 요리에도, 매운 요리에도 사용한다. 생잎은 팍치, 샹차이(香菜)라고도 부른다. 분말도 있다(p.68).

강황(turmeric)

생강과의 여러해살이 식물인 울금의 뿌리와 줄기를 가열, 건조한 뒤 분말 형태로 만든 것. 카레의 노란색은 강황 때문으로 흙이 생각나게 하는 강한 향과 쓴맛이 난다. 일본에서는 '가을 울금'이라 부르며 겨자나 단무지의 색을 내는 데도 사용한다.

카옌페퍼(cayenne pepper)

붉게 익은 고추의 열매를 건조한 향신료로, 매운맛이 강하다. 이름은 프랑스령 기아나(GUIANA)의 수도 카옌(Cayenne)에서 유래했으며 현재는 주로 분말 형태를 통칭하여 부른다. '칠리 파우더'는 혼합 향신료로 카옌페퍼와는 다르니 주의하자.

통 흑후추(black pepper)

후추의 열매를 덜 익은 녹색의 상태에서 수확하여 며칠간 발효해 건조한 것. 향도 자극도 강하여 전 세계적으로 가장 널리 사용되고 있는 향신료로 주로 분말 형태로 요리에 넣는다. 일반적으로는 소금과 함께 모든 요리에 사용한다.

통 백후추(white pepper)

잘 익은 후추의 열매를 1~2주간 물에 담가 연해진 검은 껍질을 벗겨 크림색이 될 때까지 건조한 것. 흑후추처럼 강하고 자극적인 매운맛은 나지 않으며 맛과 향이 순하다. 분말 형태로 사용하는 경우가 많다.

카다멈 씨(cardamom seed)

생강과 여러해살이 풀, 완전히 익기 전의 카다멈의 열매를 건조한 것. 질 좋은 단맛과 상큼한 향 및 알싸한 매운맛이 특징으로 향신료의 여왕이라 불린다. 통 향신료로도, 분말 형태로도 사용한다.

계피(cinnamon)

녹나뭇과의 계피나 카시아 나무 껍질을 벗겨 건조시킨 것. 세계 최고의 향신료라고 한다. 연한 단맛이 나며 나무를 떠올리게 하는 독특한 향이 난다. 사진은 껍질을 말아 만든 막대 계피로 분말도 있다.

통 정향(clove)

도금양과 식물로 정향의 개화 전 꽃봉오리를 건조한 것. 독특한 달콤한 향, 쓴맛, 매운맛도 있다. 요리에서는 고기의 누린내를 없애는 데 쓴다. 향이 강렬하니 사용 분량에 주의한다. 분말도 있다.

통 올스파이스(allspice)

도금양과의 식물로 올스파이스 나무의 열매. 덜 익은 녹색 상태로 수확하여 1주일 정도 건조시킨 것. 이름대로 정향, 계피, 육두구를 혼합한 듯한 향과 매운맛이 난다. 분말도 있다.

통 메이스(mace)

육두구과 나무의 씨앗을 둘러싸고 있는 붉은색 그물 모양의 막을 건조한 것. 육두구와 같은 열매에서 채취하므로 향은 비슷하지만 메이스는 좀 더 섬세하고 부드러운 향이 난다. 분말도 있다.

회향 씨(fennel seed)

미나리과 여러해살이 풀. 회향의 씨앗. 노랗게 익어 갈색 세로 모양이 나타나면 수확하여 건조한다. 아니스와 비슷한 시원하고 독특한 향이 나며 씹으면 희미하게 달콤한 맛이 난다. 분말도 있다.

겨자 씨(mustard seed)

유채과의 한해살이 풀, 흰 겨자의 씨앗을 건조한 것으로 가정에서도 친숙한 향신료. 향은 거의 없으며 입에 넣으면 먼저 부드러운 단맛과 뒤에 순한 매운맛이 느껴진다. 분말도 있다.

월계수(lauier)

녹나뭇과 월계수속 나무의 잎. 향긋한 향이 나 수프에 향을 더할 때나 카레, 포토푀(Pot-au-feu) 등 푹 끓이는 요리에 사용한다. 장시간 끓이면 쓴맛이 우러나니 주의하도록 한다.

생강 분말(ginger powder)

생강과의 여러해살이 풀로 생강의 뿌리와 줄기를 건조해 분말로 만든 것. 요리뿐 아니라 과자의 재료로도 쓰인다. 시원하고 풍부한 향이 나며 혀에 짜릿한 자극을 주는 매운맛도 난다.

마늘 분말(garlic powder)

백합과 여러해살이 풀로 마늘의 땅속줄기 중 비대해진 부분을 건조해 분말로 만들었다.

육두구(nutmeg)

육두구과 나무의 씨앗으로 씨앗 주변 그물 모양의 붉은 껍질 부분이 메이스이며 육두구는 그 붉은 껍질의 안쪽 검은 씨앗을 가른 안쪽 부분이다. 달콤하고 자극적인 향과 순한 쓴맛이 난다.

바질(basil)

꿀풀과의 여러해살이 풀로 잎을 건조해 분말로 만든 것을 향신료로 사용한다. 일반적으로 스위트 바질 종류를 허브로 사용하는데 독특하고 상큼한 향은 일본인에게도 인기이다.

오레가노(oregano)

꿀풀과 여러해살이 풀(한랭지에서는 한해살이)로, 꽃이 피는 시기에 끝 쪽 부드러운 부분을 수확하여 건조해 분말로 만든 것. '꽃박하'라고도 부르는데 쌉쌀하고 톡 쏘는 강한 향이 특징이며 이탈리아 요리 등에 많이 사용한다.

CONTENTS

CHAPTER 1

우선 이것부터 마스터!
기본 카레를 만들자

CHAPTER 2

간단하고 손쉽게 실속파!
카레 가루로 만들기

CHAPTER **3**

향과 맛에 전율하는 정통파!
향신료로 만들기

> **이 책의 약속**
>
> - 생강 1톨은 껍질을 벗긴 것으로 엄지손가락 끝 마디 크기. 마늘 1쪽은 통 속의 1쪽이 기준이다.
> - 단위는 1컵=200㎖, 1홉(合)=180㎖, 1큰술=15㎖, 1작은술=5㎖이다.
> - 버터는 가염 버터와 무가염 버터 어느 것을 사용해도 괜찮지만 선택한 버터에 따라 기호에 맞게 소금으로 간을 조절하자.
> - 콩소메 큐브 1개의 양을 콩소메 파우더로 쓸 때는 2작은술 분량으로 한다.
> - 향신료는 통 향신료와 분말 향신료로 나누어 표기했다.
> - 다진 고기는 소고기와 돼지고기를 섞어 간 것으로 취향껏 한 종류의 고기만 사용해도 좋다.

나의 카레 요리는 간단!

레시피의 뼈대만 알면 자유롭게 응용하며 즐길 수 있다!

카레 요리가 어렵게 느껴진다면 다음과 같은 생각 때문일 것이다.

'양파를 볶는 데 많은 시간이 들지 않을까?'
'소스가 걸쭉해질 때까지 끓이려면 너무 오래 걸리지 않을까?'
'수십 종의 향신료를 사용하니까 요리 과정이 복잡하겠지?'

물론 카레 전문점에서 맛볼 수 있는 정통 카레라면 손이 많이 가는 작업이 될 수도 있다.
하지만 내가 평소 집에서 만드는 카레는 매우 간단하다!
카레의 본고장인 인도에서는 일반 가정에서 거의 매일 카레를 만든다. 이점 하나만 보아도 요리 과정이 그렇게 어렵지 않다는 걸 알 수 있다.
간단하고 쉬운 기본 조리법만 기억해두면 그 다음부터는 식재료나 조미료를 자유롭게 바꾸어가며 수십 가지 카레 요리를 즐길 수 있다.

카레의 세계로 입문하기 위한 첫걸음!
기본 카레 조리법을 배워보자.
놀랄 만큼 간단하지만 최고의 맛을 보장한다!

한 눈에 보는 카레 레시피의 뼈대

STEP 1
양파와 마늘, 생강을 볶는다

option!

스타터 스파이스 (starter spice)를 넣는다

맨 처음에 통(whole, 원형 그대로 건조한 것) 향신료를 넣고 기름에 볶는다. 이는 고기나 생선의 비린내를 잡고 요리 전체에 향을 더해준다.

STEP 2
토마토(생 or 홀)를 넣고 볶는다

STEP 3

카레 가루 투입!
Curry Powder!
(p.26~)

향신료 투입!
Spices!
(p.68~)

STEP 4
식재료(고기, 채소)와 물을 넣고 끓인다

option!

가람 마살라 (garam masala)를 넣는다

3~10종류의 향신료가 들어간 혼합 향신료를 말한다. 힌두어로 '가람'은 '뜨겁다', '마살라'는 '혼합 향신료를 빻은 것' 이라는 의미로 주로 요리 마지막에 풍미를 더하기 위해 사용한다.

완성!

카레 요리를 위한 도구

카레 요리는 도구도 단순하다. 자신이 다루기 쉬운 아이템을 선택하고 좋아하는 색상과 디자인을 고르는 것이 중요한 포인트다. 부엌이 화려해지면 요리가 즐거워진다.

Basic Tools
기본 아이템

프라이팬

카레는 만드는 과정이 간단해서 프라이팬 하나만으로도 요리가 가능하다. 프라이팬을 고를 때는 마늘, 생강, 양파를 볶을 때 타지 않도록 불소수지 코팅이 되어 있는 제품을 선택하자. 또한 레시피 마지막에 끓이는 작업이 있으니 내부가 깊고 뚜껑이 있는 제품이 좋다. 나는 직경 24㎝ 프라이팬을 즐겨 사용하는데 대략 4인분을 만드는 데 적합하다.

냄비

카레 요리는 거의 프라이팬 하나만으로도 가능하지만 수분이 많은 수프 카레나 다진 고기를 장시간 푹 익혀야 하는 카레 및 파티에서 많은 양의 카레를 만들고 싶을 때는 냄비가 필요하다. 내가 애용하는 것은 주물 냄비로 얼룩이 생기지 않고 열이 천천히 고르게 분배되어 잘 타지 않는다. 또한 오랜 시간 뭉근히 가열할 수 있어 식재료가 잘 익고 무거운 뚜껑이 향과 수분의 증발을 방지한다.

주걱 , 국자

주걱과 국자는 목제나 실리콘 제품을 선택하는 것이 좋다. 볶을 때 금속 주걱을 사용하면 불소수지 가공을 한 프라이팬과 냄비에 상처가 생기기 때문이다. 냄비와 프라이팬을 가능한 한 오래, 좋은 상태로 유지하고 싶다면 이 유의사항을 반드시 지켜야 한다.

칼

양파를 다질 때 알맞은 크기의 칼이 있으면 좀 더 요리가 편해진다. 끝이 가늘고 자신의 손 크기에 맞으면 어떤 칼이든 괜찮다.

강판

강판은 마늘과 생강을 가는 데 사용하므로 크기가 조금 작은 편이 적당하다. 마늘과 생강을 갈고 난 뒤에는 바로 강판을 세척하지 말고 카레에 넣을 와인이나 물을 부어 그 물을 요리에 넣으면 강판에 남은 마늘과 생강을 아깝게 버리지 않아도 된다. 나는 세척이 쉽고 청결하게 유지할 수 있는 세라믹 제품을 사용한다.

계량컵, 계량스푼

계량컵은 내열 유리 제품이 청결하고 편리하다. 계량스푼은 기본인 큰술(Table spoon = 15ml = 15cc)과 작은술(tea spoon = 5ml = 5cc) 외에도 많이 사용하는 ½큰술과 ½작은술, ¼작은술 등을 구비하면 활용도가 매우 높다.

Convenient Tools
편리한 아이템

그라인더

통 향신료를 빻는 데 사용한다. 향신료는 역시 빻았을 때 향이 가장 좋다! 카레 요리에 매료되었다면 강력하게 추천하는 도구다. 다른 용도로 사용하면 향이 밸 수 있으므로 그라인더는 향신료 전용을 사용하자.

푸드 프로세서

키마 카레 등 채소를 잘게 다질 때 사용한다. 짧은 시간 내에 식재료를 균일한 크기로 자를 수 있어 매우 편리하며 파티 등에서 많은 양의 카레를 만들 때 양파 다지기에 활용할 수 있다.

믹서

팔락파니르(시금치 카레) 등 시금치와 같이 수분을 함유한 채소를 최상의 상태로 조리할 때 사용한다. 또한, 버터 치킨 카레의 고운 소스를 만들 때도 활용한다.

11

Chapter 1

Let's Make Basic Curry!

우선 기본적인 치킨 카레 만들기에 도전해보자.
쉽고 간단한 이 레시피대로만 하면 반드시 성공할 수 있다.
이것만 기억하면 멋진 카레의 세계가 내 눈앞에!

우선 이것부터 마스터!
기본 카레를 만들자

초간단 기본 치킨 카레

Basic Chicken Curry

우선 기본 레시피대로 만들어 보며 카레의 기본을 익혀두자.
레시피를 따라 정성껏 만든다면 반드시 맛있는 카레를 만들 수 있을 것이다.

간단한 카레의 기본, 치킨 카레를 만들자

Let's cook chicken curry!

Start!

재료 준비하기

1

분량의 재료를 준비하고 닭다리
살은 상온에서 해동한다.

[재료](4인분)

닭다리 살…400g

양파…1개

마늘…1쪽

생강…1톨

토마토 홀(캔)…200g

물…300㎖

식용유…2큰술

소금…1작은술 정도

+

[분말 향신료]

• 커민…2작은술

• 고수…1작은술

• 카옌페퍼…½작은술

• 강황…½작은술

• 가람 마살라(생략 가능)…1작은술

or

[카레 가루]…2큰술

기본재료

분말 향신료

or

카레 가루

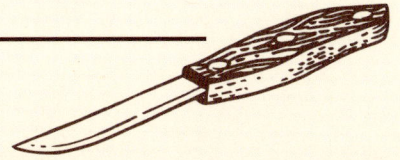

자르기

2

양파는 반으로 자른 후 5㎜ 폭으로 칼집을 넣는다. 다시 직각으로 세워 5㎜ 폭으로 썰어 잘게 다진다.

3

마늘, 생강은 강판을 사용해 간다.

*세척하지 않고 같은 강판으로 계속해서 갈아도 OK!

4

닭고기는 한입 크기로 자른다.

*본고장 인도에서는 껍질을 제거하지만 본인의 기호에 맞게 손질한다.

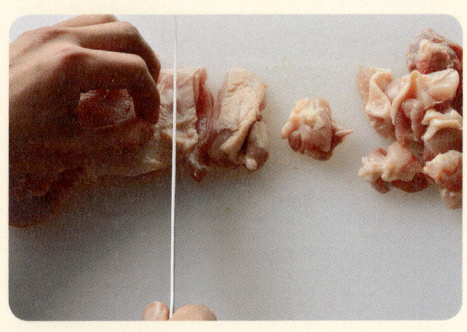

5

토마토 홀의 단단한 부분을 제거한다.

OK!

사전준비 완료!

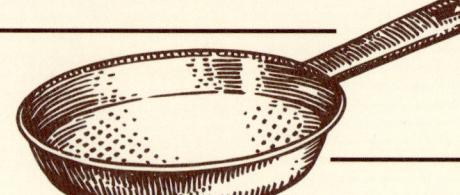

볶기

6

프라이팬에 식용유를 두르고 중불에서 달군다.

7

2의 다진 양파를 넣고 중불에서 볶는다.

8

양파가 투명해지면 3의 간 생강과 마늘을 넣고 약불에서 약 5분간 볶는다.

9

양파가 노릇해지면 계속 중불에 놓고 황금색이 될 때까지 약 10분 정도 볶는다.

* 여기서 제시하는 볶는 시간은 평균 기준으로, 조리기에 따라 불의 세기가 다르므로 색의 정도를 보면서 순서에 따라 조리하자.

10

5의 토마토 홀을 넣는다. 주걱으로 토마토를 으깨면서 섞고 살짝 익힌다.

11

카레 가루 또는 향신료를 첨가하고 중불에서 약 5분간 볶는다.

Spices!

Curry Powder!

 or

끓이기

12

4의 닭고기를 넣고 잘 섞는다.

* 이때 닭고기에 간이 골고루 배도록 볶아준다.

13

분량의 물을 넣고 한번 섞어준다.

14

뚜껑을 닫고 중불에서 약 10분간 끓인다.

15

불의 세기를 조절하며 농도를 맞춘다.

16

소금을 넣고 기호에 맞게 적당히 간을 조절한다.
(가람 마살라가 있으면 넣고 조금 더 끓인다)

* 간을 맞추는 데 실패하지 않도록 맛을 보면서 조금씩 넣으며 조절하자.

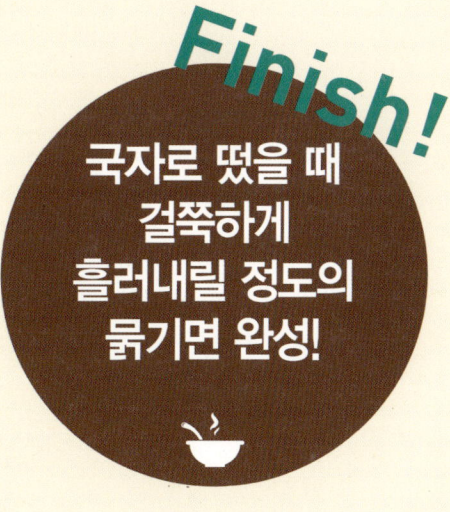

Finish!

국자로 떴을 때
걸쭉하게
흘러내릴 정도의
묽기면 완성!

뭐지, 이 맛있는 음식은?

지금은 완전히 카레 마니아가 되었지만, 나와 카레의 만남은 평범하지 않았다. 왜냐하면 어린 시절의 나는 이른바 '집밥 카레'를 먹어본 적이 없기 때문이다.

어머니는 철저하게 자연주의를 지향하는 분이셔서 집에서 만드는 요리에도 엄격한 태도를 고수하셨다. 요리를 할 때 가능한 한 천연 식재료를 사용하고 인공 첨가물은 전혀 넣지 않으셨다. 우리는 음료수도 대부분 우유나 100% 과일 주스를 마셨다. 간식으로는 주로 과일을 먹었고 이따금 주시는 과자도 가능한 한 직접 만드셨다.

그렇다 보니 식탁에도 이른바 인스턴트식품을 올리지 않는다는 어머니의 철학이 반영되었다. 된장국의 경우 육수도 직접 만드셨고 드레싱 역시 식초와 오일, 소금, 후춧가루를 사용해 직접 만드셨다. 커피 역시 콩을 볶는 작업부터 본인이 직접 해야 하는 완벽주의셨다.

어머니의 이런 엄격함은 카레도 예외는 아니어서 이른바 완성 제품인 '카레 루(고형 카레)'는 사용하지 않으셨다.

하지만 인도 요리에 관한 지식이 없는 주부가 루(roux)를 사용하지 않고 향신료를 배합하여 카레의 제 맛을 내기란 당연히 불가능한 일이었다. 지금처럼 아무 슈퍼에서나 손쉽게 향신료를 구할 수 있는 시대도 아니었고 카레용 레시피 책을 손쉽게 구할 수도 없었다.

결국 어머니는 '집에서는 카레를 만들지 않는다'는 아주 단순한 결론을 내리셨다. 판매용 카레 루는 사용하고 싶지 않고 그렇다고 향신료를 연구해 카레를 만드는 것도 무리다. 그렇다면, 코미야마(小宮山) 집에서는 엄마표 카레 요리는 포기하고 밖에서만 먹기로 하자!

이렇듯 단순하면서도 철저한 어머니의 방침에 대해 어린 마음에도 '뭐 그렇게까지 할 필요가 있을까?'라는 생각이 들긴 했다(웃음). 그래도 "집에서 만든 카레가 먹고 싶어요!"라고 조른 적은 한 번도 없었다.

이런 이유로 '집밥 카레'가 없는 가정에서 자란 나는 카레에 대해 완전히 백지상태였다. 그런 내가 어느 날 카레 전문점에서 카레 요리를 만났으니 그 충격은 상상 이상으로 클 수밖에 없었다.

"뭐지, 이 맛있는 음식은!"

답은 간단했다. 바로 카레였다(웃음).

다행히 내가 사는 도쿄에는 오래전부터 개성 있는 카레 전문점과 전통 인도 요리 레스토랑이 있었다. 덕분에 새하얀 카레 초보였던 나도 단숨에 카레의 넓고 깊은 세계로 뛰어들 수 있었다.

이상이 나와 카레의 조금은 평범하지 않은 만남에 관한 이야기이다.

Chapter 2

Let's Cook with Curry Powder

카레 요리가 처음이라도 맛을 보장하는 마법의 인기 향신료,
카레 가루를 사용해 간단하면서도 만족스러운 카레 만들기!

간단하고 손쉽게 실속파!
카레 가루로 만들기

마법의 한 스푼!
카레 가루를 알자

Curry Powder!

간단하고 편리한, 어떤 카레 요리든 누구나 좋아할 '맛'을 낼 수 있는 마법의 혼합 향신료가 바로 카레 가루다. 넓고 깊은 향신료 세계로의 첫 걸음은 가까운 슈퍼마켓에서도 손쉽게 구입할 수 있는 카레 여행의 티켓, 카레 가루에서 시작된다. 카레 가루로 만드는 카레 요리를 터득하고 나면 직접 카레 가루를 배합해 요리에 사용하는 즐거움을 맛볼 수 있다.

시중에서 판매하는 카레 루가 아닌 카레 가루로 조리하면 불필요한 지방분이나 밀가루가 들어가지 않아 훨씬 건강한 카레 요리를 만들 수 있다. 매일 먹고 싶어지는, 간단하고 건강한 카레로 멋진 카레 라이프를 즐겨보자!

카레 라이프의 파트너
시판 카레 가루

뭐니뭐니 해도 시판 카레 가루가 가장 사용하기 쉽고 편하다. 회사에 따라 특성이 다르니
여러 가지 제품을 사용해보고 마음에 드는 맛을 찾아보자!

빨간 캔 'S&B 카레 가루'

일본인에게 친근한 빨간 캔 카레 가루. 30여 종의 향신료를 혼합해 볶고 숙성하는 과정을 거쳐 만든다. 세계 2차 대전 후의 부흥기부터 일본의 카레 맛을 견인해 온 전통 캔 제품이다(에스비식품).

인데라 카레 스탠더드
(INDIRA CURRY Standard)

인도 특유의 향신료 혼합 방식에 독자적인 제조 기술을 접목하여 탄생한 제품. 특히 완성 카레의 향이 좋아 프로 요리사들로부터 호평을 받는 제품이다(나일상회).

쉐어우드 카레 가루 마일드
(Sharwood's Mild Curry Powder)

고수 등 향신료의 향에 마늘과 양파로 감칠맛을 더하고 담백한 쌀가루로 마무리. 영국을 대표하는 인도 요리의 식재료 브랜드이다(미쓰비시식품).

카레 가루 N21B 마일드
(Curry Powder N21B Mild)

고수, 커민 등의 향신료에 귤껍질 등을 혼합. 고급 식품점에서 취급하는 인기 상품으로, 스탠더드, 스트롱 등의 제품도 있다(아난).

India Spice & Masala Company
카레 가루

고수, 강황 등의 기본 향신료에 카다멈과 캐러웨이 등 인도에서 18종의 향신료를 선별하여 제조. 매운맛이 강한 카레 가루이다(인도아메리칸 무역상회).

썬 브랜드 카레 가루
(SUN BRAND Curry Powder)

귀여운 포장으로 인터넷에서도 화제가 된 제품. 인도산이지만 기본 향신료에 병아리콩을 배합하여 맛이 담백하다. 소비자들에게 지속적으로 사랑받는 제품이다(키타노 상사).

오리지널 카레 가루 만들기

향신료를 구비하고 나면 오리지널 카레 가루 만들기에 도전해보자.
여기서는 나만의 배합 비법을 공개한다!

【 초급편 배합 】

커민 씨(A) … 1작은술
고수 씨(B) … 1작은술
강황(C) … 1작은술
카다멈 씨(I) … ½ 작은술
카옌페퍼(F) … ¼ 작은술

【 상급편 배합 】

커민 씨(A) … 7큰술
고수 씨(B) … 5큰술
강황(C) … 5큰술
마늘 가루(D) … 4큰술
생강 가루(E) … 3큰술
카옌페퍼(F) … 2큰술
통 흑후추(G) … 2큰술
통 백후추(H) … 2큰술
카다멈 씨(I) … 2큰술
통 정향(J) … 2큰술
통 올스파이스(K) … 1큰술
회향(L) … 1큰술
막대 계피(M) … 5cm 1개
월계수 잎(N) … 5장
육두구(넛맥)(O) … 1작은술

【 만드는 법 】

1 분량의 향신료를 준비하여 프라
이팬에 담는다.

2 향이 날 때까지 잘 섞으면서 약
불로 볶는다.

3 그라인더에 넣고 간다.

완성!

27

정통 소고기 카레

남자가 처음 도전하는 정통 카레!
초콜릿을 조미료로 사용해 더욱 풍부한 맛과 감칠맛을 즐길 수 있다.

Beef Curry

재료 (4인분)

소 안심(덩어리) … 600g
당근 … 1개
감자 … 2개
양파 … 1과 ½개
마늘 … 1쪽
생강 … 1톨
토마토 홀(캔) … 200g
레드와인 … 300㎖
※ 콩소메(큐브) … 1개
초콜릿 … 판 초콜릿의 가로 1줄
물 … 500㎖
식용유 … 2큰술
월계수 잎(건조) … 2장
소금 … 1작은술 정도
흑후춧가루 … ½작은술
카레 가루 … 2큰술

※ 콩소메는 고기와 채소를 삶아 우려낸 맑은 수프로 육수로 사용할 수 있어요. 대형마트나 인터넷 쇼핑몰 등에서 쉽게 살 수 있습니다.

만드는 법

1 소고기는 3~4㎝ 크기로 깍둑썰기하고 지퍼백 등에 넣은 뒤 레드와인을 붓고 2시간 정도 재워둔다(하룻밤을 재도 좋다).

2 양파 1개는 잘게 다지고 마늘과 생강은 갈아준다. 당근, 감자, 남은 양파 ½개는 한입 크기로 마구썰기를 한다.

3 프라이팬에 식용유를 두른 뒤 2의 다진 양파를 넣고 투명해질 때까지 중불에서 볶는다. 2의 간 마늘과 생강을 첨가하고 강불에서 약 5분간 볶다가 양파가 노릇해지면 중불로 줄이고 황금색이 될 때까지 약 10분 정도 더 볶는다.

4 토마토 홀을 넣어 으깨면서 섞고 익으면 콩소메, 카레 가루, 흑후춧가루, 월계수 잎을 넣은 뒤 약 5분간 끓인다.

5 1의 소고기를 와인과 함께 넣고 좀 더 끓인다.

6 소고기가 익으면 분량의 물과 초콜릿을 넣고 초콜릿이 녹으면 2에서 마구썰기한 양파, 당근, 감자를 넣은 뒤 뚜껑을 닫고 약불에서 약 2시간 동안 끓인다.

※ 조미료로 넣는 초콜릿이 깊은 맛을 더해준다.

7 농도가 걸쭉해지면 기호에 맞게 소금으로 간을 하여 완성!

와인에 재운다

소고기 카레는 소고기의 존재감이 중요하다! 소고기를 조금 큼직하게 썰어 와인에 2시간 이상 재어 놓으면 깊은 맛과 감칠맛을 더할 뿐 아니라 더욱 연하고 부드러운 식감을 낸다.

가지 소스 키마 카레

일반 키마 카레와 달리 자작한 국물의 촉촉함이 맛을 더한다.
가지의 부드러운 식감이 매력인 일품 요리!

Kheema with Eggplant

재료 (4인분)

다진 고기 ··· 300g
양파 ··· 2개
마늘 ··· 2쪽
생강 ··· 2톨
가지 ··· 4개
감자 ··· 1개
당근 ··· 1개
토마토 홀(캔) ··· 200g
코코넛 밀크 ··· 70㎖
물 ··· 400㎖
콩소메(큐브) ··· 1개
식용유 ··· 2큰술
월계수 잎(건조) ··· 2장
바질(건조) ··· 1큰술
오레가노(건조) ··· 1작은술
흑후춧가루 ··· 1작은술
소금 ··· 1작은술 정도
카레 가루 ··· 2큰술

강황 밥 ※ ··· 4인분

곁들임 재료

무 ··· 5cm
양파 ··· ¼개
피망 ··· 2개
레몬 ··· ½개
카옌페퍼 ··· 1작은술

만드는 법

1 양파는 잘게 다지고 마늘과 생강은 갈아준다. 가지와 감자는 1㎝ 크기로 깍둑썰기 하고 당근은 가능한 한 잘게 다진다(그라인더를 사용해 갈아도 좋다).

2 프라이팬에 식용유를 둘러 가열한 뒤 1의 양파를 넣고 투명해질 때까지 중불에서 볶는다. 여기에 1의 마늘과 생강을 넣고 강불에서 약 5분간 볶다가 양파가 노릇해지면 중불로 줄여 황금색이 될 때까지 약 10분 정도 더 볶는다.

3 다진 고기를 추가로 넣고 중불에서 볶는다.

4 1의 가지, 감자, 당근을 순서대로 넣으며 계속 볶는다.

5 토마토 홀을 추가하여 으깨듯이 섞다가 재료가 다 익으면 카레 가루, 흑후춧가루, 바질, 오레가노, 월계수 잎, 코코넛 밀크, 콩소메, 분량의 물을 넣는다. 재료가 잘 섞이도록 저어준 뒤 뚜껑을 닫고 약불에서 약 20분간 더 끓인다. 마지막에 소금을 넣어 기호에 맞게 간을 조절한다.

※ 국물이 졸아 수분이 부족할 경우에는 중간에 소량의 물(분량 외)을 추가로 넣는다.

6 곁들임 채소인 무, 양파, 피망은 모두 잘게 다지거나 분쇄기로 갈아 볼에 담는다. 레몬을 짜 넣고 카옌페퍼를 첨가해 섞는다.

※ 카레에 곁들여 먹으면 맛있다.

7 5를 강황 밥과 함께 보기 좋게 담아내면 완성!

※ 쌀 600g에 강황 가루 1작은술의 비율로 밥을 짓는다.

향신료와 육수의 관계

향신료로 만드는 인도풍 카레는 육수를 넣지 않아도 충분히 맛을 낼 수 있다. 반면 카레 가루는 일본 요리 스타일(?)에 맞춰 만들어졌기 때문에 닭고기를 뼈째 넣지 않는 한 육수를 첨가하지 않으면 맛의 깊이가 덜하다. 따라서 카레를 만들 때 콩소메, 부용(bouillon) 등의 육수를 넣을지 말지는 카레 가루로 만들 것인지 향신료로 만들 것인지에 따라 결정하는 것이 좋다.

베이컨 에그 양배추 카레

카레에 배어나온 베이컨 지방의 풍미를 양배추가 흡수하여
풍부한 자연의 맛을 느낄 수 있다.

Bacon and Egg Cabbage Curry

재료 (4인분)

양파 … 1개
마늘 … 2쪽
생강 … 1톨
토마토 홀(캔) … 200g
도톰한 베이컨 … 300g
물 … 400㎖
양배추 … 2~3장
달걀 … 4개
소금 … 1작은술 정도
흑후춧가루 … 2작은술
카레 가루 … 3큰술

만드는 법

1 양파는 잘게 다지고 마늘과 생강은 갈아준다. 양배추는 한입 크기로 큼직큼직하게 썬다. 베이컨은 지방과 살코기로 나누어 지방은 잘게 썰고 살코기는 3~4㎝ 폭으로 썬다.

2 1의 베이컨 지방을 프라이팬에 넣고 가열하여 지방이 녹으면 1의 양파를 넣고 투명해질 때까지 중불에서 볶는다. 1의 마늘, 생강을 넣고 강불에서 약 5분간 볶다가 양파가 노릇해지면 중불로 줄이고, 황금색이 될 때까지 약 10분 정도 더 볶아준다.

3 토마토 홀을 넣고 으깨면서 섞고 카레 가루와 흑후춧가루를 넣는다.

4 토마토가 익으면 1의 베이컨 살코기와 분량의 물을 넣고 중불에서 끓인다.

5 국물의 수분이 날아가 걸쭉해지면 1의 양배추를 넣고 한소끔 끓인 뒤 소금으로 간을 한다.

6 1인분용 프라이팬에 5의 ¼분량을 옮겨 담고 중불에서 달걀을 깨 넣은 뒤 기호에 맞게 익히면 완성! (1인분용 프라이팬이 없으면 5에 직접 달걀을 넣고 끓인다).

아삭한 식감을 남긴다

양배추는 가열하면 수분이 빠르게 빠져나와 숨이 죽어버린다. 카레에서 양배추의 아삭아삭한 식감을 즐기고 싶다면 익히는 시간을 단축하자.

시금치 치킨 카레(팔락파니르)

고급스러운 느낌을 주는 시금치 카레.
사실 기본 카레에 시금치 페이스트를 첨가하기만 하면 된다.

Spinach Chicken Curry

재료 (4인분)

시금치 … 1묶음
닭다리 살 … 400g
양파 … 1개
마늘 … 2쪽
생강 … 1톨
생크림 … 50㎖
토마토 홀 (캔) … 200g
콩소메 (큐브) … 1개
물 … 50㎖
식용유 … 2큰술
소금 … 1작은술 정도
카레 가루 … 3큰술

강황밥(만드는 법 → p.31) … 4인분

만드는 법

1 양파는 잘게 다지고 마늘과 생강은 갈아준다. 닭다리 살은 한입 크기로 썬다.

2 프라이팬에 식용유를 둘러 가열하고 1의 양파를 넣어 투명해질 때까지 중불에서 볶는다. 1의 마늘, 생강을 첨가하고 강불에서 약 5분간 볶다가 양파가 노릇해지면 중불로 줄이고 황금색이 될 때까지 약 10분 정도 더 볶는다.

3 토마토 홀을 넣고 으깨면서 섞고 익으면 카레 가루와 콩소메를 넣은 뒤 가볍게 수분이 날아갈 때까지 중불에서 볶는다.

4 1의 닭고기와 분량의 물을 넣고 중불에서 닭고기가 읽을 때까지 끓인다(대략 5~10분). 이때 다른 냄비에 물을 끓여 시금치를 데친다.

5 데친 시금치는 소량의 데친 물과 함께 믹서에 갈아 페이스트 상태로 만든다.

※ 데친 물을 넣어주면 부드럽게 갈린다.

6 4의 프라이팬에 생크림을 넣고 중불에서 한번 섞는다.

7 5의 시금치를 넣고 섞은 뒤 한소끔 끓어오르면 기호에 맞게 소금으로 간을 한다.

8 접시에 강황밥, 7의 카레를 담으면 완성!

시금치의 색은 선명하게

시금치 카레는 시금치의 선선한 녹색이 식욕을 돋우는 일품요리로 나도 무척 좋아한다. 너무 익히면 색이 검게 변하니 프라이팬에 넣은 뒤 한번 끓어오르면 불을 끄도록 하자.

담백한 치킨 수프 카레

닭의 날개를 사용하면 뼈에서 육수가 나와 간단히
진한 수프를 만들 수 있다.

Chicken Soup Curry

재료 (4인분)

닭 날개 … 8개
당근 … 1개
양파 … ½개
마늘 … 1쪽
물 … 800㎖
화이트와인 … 200㎖
타임(건조) … 1작은술
월계수 잎(건조) … 2장
흑후춧가루 … 1작은술
소금 … 1작은술 정도
카레 가루 … 2큰술

만드는 법

1 닭 날개는 깨끗이 씻어 핏물 등을 제거한다. 당근, 양파는 한입 크기로 썰고 마늘은 갈아준다.

2 냄비에 분량의 물, 1의 닭 날개와 마늘을 넣고 거품을 걷어내면서 약 40분간 중불에서 끓인다.

 ※ 다른 카레 레시피와 마찬가지로 토마토 홀을 넣어도 맛있지만, 이번에는 간단하게 닭의 풍미를 즐길 수 있는 조리법을 선택했다.

3 1의 당근과 양파, 타임, 월계수 잎, 카레 가루, 흑후춧가루, 화이트와인을 넣은 뒤 뚜껑을 닫고 채소가 익을 때까지 10~15분간 끓인다.

4 기호에 맞게 소금으로 간을 하여 맛을 내면 완성!

 ※ 수프의 맛이 싱겁게 느껴질 경우 콩소메를 이용해 간을 맞추어도 좋다.

YUKI's VOICE!

닭고기는 전문점에서 구입!

일반적으로 인도에서는 소고기를 먹지 않기 때문에 카레에는 주로 닭고기를 사용한다. 가격 부담이 없고 다루기도 쉬워 집밥 카레에 추천할 만한 식재료다. 나는 닭고기 카레를 만들 때는 가능한 한 좋은 닭고기를 쓴다는 원칙이 있어서 조금 발품을 팔아서라도 닭고기 전문점에서 사곤 한다. 특히 손질된 살코기가 아닌 뼈째 요리하면 육수의 맛에 차이가 많이 나니 꼭 전문점에서 구입한다. 도쿄에는 츠키지의 '미야가와쇼쿠쵸케이란'이나 고탄다의 '시나노야'를 추천한다!

소고기 토마토 카레

소고기의 풍미와 토마토의 새콤함이 잘 어울린다!
카레 소스에 적신 양배추도 일품인
일본식 볶음 카레이다.

Beef and Tomato Curry

재료 (4인분)

저민 소고기 … 400g
토마토(생) … 2개
양파 … 1개
양배추 … 4~5장
식용유 … 2큰술
흑후춧가루 … 1작은술
소금 … 1작은술 정도

A ⌈ 간 마늘 … 1쪽
　 버터 … 10g
　 간장 … 2큰술
　 요리용 술 … 4큰술
　 설탕 … 3작은술
　 물 … 50㎖
　 ⌊ 카레 가루 … 2큰술

만드는 법

1 토마토는 큼직큼직하게, 양파는 빗살 모양으로 썰고 양배추는 채를 썰어 준비한다.

2 볼에 A의 재료를 모두 넣고 섞는다.

3 프라이팬에 식용유를 둘러 가열한 뒤 1의 양파를 넣고 중불에서 볶는다.

4 양파가 물러지면 저민 소고기와 1의 토마토를 넣는다. 중불에서 살짝 볶다가 2를 넣고 좀 더 끓인다.

5 소고기가 익고 전체적으로 수분이 적당히 줄면 흑후춧가루를 넣는다. 기호에 맞게 적당히 소금으로 간을 한다.

6 접시에 1의 양배추와 5를 얹으면 완성!

YuHi's ADVICE!

토마토는 큼직하게 썬다

가열한 토마토의 단맛과 적당한 새콤함이 반찬으로도 손색없는 카레다. 토마토의 붉은 색이 포인트가 되므로 큼직하게 썰어 존재감을 주도록 한다.

중국식 카레

소흥주(紹興酒)와 두반장(豆瓣醬)이 풍미를 한층 높여주는 중국식 레시피이다. 중국식 덮밥을 만드는 요령으로 죽순, 목이버섯 등 좋아하는 재료를 넣어도 Good!

Chinese-style Pork Curry

재료 (4인분)

삼겹살(덩어리) … 400g
배춧잎 … 3장
표고버섯(생) … 2개
양파 … 1과 ⅓개
마늘 … 1쪽
생강 … 1톨
물 … 400㎖
소흥주 … 100㎖
두반장 … 1작은술
중국수프 원료(과립) … 1큰술
녹말 … 2큰술
식용유 … 2큰술
소금 … 적당량
카레 가루 … 2큰술

만드는 법

1 삼겹살과 배춧잎은 각각 한입크기로, 표고버섯은 줄기를 떼어내고 5㎜ 폭으로, 양파 ⅓개는 두툼하게 채를 썬다. 양파 1개는 잘게 다지고 마늘, 생강은 갈아준다.

2 프라이팬에 식용유를 두르고 **1**의 다진 양파를 넣고 투명해질 때까지 중불에서 볶는다. **1**의 마늘, 생강을 넣고 강불에서 약 5분간 볶다가 양파가 노릇해지면 중불로 줄인 뒤 황금색이 될 때까지 약 10분 정도 더 볶는다.

3 카레 가루를 넣고 중불에서 볶는다.

4 분량의 물, 소흥주, **1**의 삼겹살, 표고버섯, 두툼하게 썬 양파, 배춧잎을 넣고 끓인다. 중화수프의 원료와 두반장을 넣고 조금 더 끓인다.

※ 덜 맵게 만들고 싶다면 두반장을 적게 넣으면 된다.

5 기호에 맞게 소금으로 간을 하고 녹말 물(2큰술)을 넣고 한번 섞어준 뒤 걸쭉해지면 완성!

YUJI's ADVICE!

소흥주와 두반장으로 중화풍을!

중화수프의 원료와 함께 소흥주와 두반장을 넣으면 중화풍의 풍미를 더욱 깊게 느낄 수 있는 요리를 완성할 수 있다.

삼겹살 김치 카레덮밥

돼지김치볶음을 카레에 응용한 요리로,
혀를 자극하는 맛으로 평가받는 레시피이다.

Pork Kimchi Curry Bowl

재료 (4인분)

얇게 썬 삼겹살 … 300g
김치 … 300g
양파 … 1개
마늘 … 1쪽
생강 … 1톨
양배추 … ¼통
식용유 … 2큰술
맛간장(첨가용으로 옅은 맛) … 100㎖
참기름 … 적당량
달걀노른자 … 4개
만노네기(쪽파) … ½다발
소금 … 적당량
흑후춧가루 … 적당량
카레 가루 … 2큰술

흰쌀밥 … 4공기

만드는 법

1 얇게 썬 삼겹살은 양쪽 면에 소금, 흑후춧가루를 뿌려 4㎝ 폭으로 썬다. 양파는 얇게 저민다. 마늘, 생강은 갈아준다. 양배추는 한입 크기로 썬다.

2 프라이팬에 식용유를 둘러 가열하고 1의 다진 양파를 넣고 중불에서 약 4분간 볶는다.

3 양파가 투명해지면 1의 마늘, 생강을 넣고 중불에서 약 3분간 볶는다.

4 1의 삼겹살을 넣고 중불에서 볶다가 카레 가루를 넣고 조금 더 볶는다.

5 김치, 1의 양배추, 맛간장을 넣고 푹 끓인다. 마지막에 참기름을 넣어 고소한 향을 낸다.

6 그릇에 밥과 5를 올리고 간장을 뿌린 달걀노른자를 얹은 뒤 5㎜ 폭으로 썬 파(분량 외)를 뿌려주면 완성!

Yuki's
ADVICE!

깊고 풍부한 맛의 달걀노른자

달걀노른자는 간장을 뿌려 5분 정도 그대로 둔다. 삼투압으로 부드럽고 깊은 맛을 내게 된 노른자 소스를 카레 그릇에 담도록 하자.

일본식 카레덮밥

메밀국수의 소스를 상상하며 변화를 준 카레 요리.
카레 가루의 양을 줄이고 맛국물의 풍미를 살린 점이 포인트이다.

Japanese-style Pork Curry

재료 (4인분)

닭다리 살 … 300g
마 … 적당량
연근 … 적당량
우엉 … 적당량
당근 … 1개
가지 … 3개
팽이버섯 … 100g
맛간장(첨가용으로 옅은 맛) … 400㎖
녹말 … 2큰술
완두콩(캔) … 적당량
소금이나 간장 … 적당량
카레 가루 … 2큰술(에서 상태를 보며)

흰쌀밥 … 4공기

만드는 법

1 닭다리 살, 마, 연근, 우엉, 당근, 가지는 한입 크기로 마구썰기 한다. 팽이버섯은 밑둥을 잘라 반으로 썬다.

2 프라이팬에 맛간장과 1의 재료를 넣고 중불에서 10분 정도 끓인다.

3 채소가 숨이 죽으면 카레 가루를 넣고 한번 섞어준다. 물 2큰술(분량 외)에 녹말을 풀고 저어주면서 넣는다.

4 그대로 5분 이상 끓이며 소금이나 간장으로 간을 맞춘다.

   ※ 맛간장에 염분이 있으므로 소금의 양을 적절히 조절한다.

5 그릇에 밥, 4의 순서로 담고 위에 완두콩을 얹으면 완성!

   ※ 초봄에는 생 완두콩을 구할 수 있으므로 소금물에 데쳐 사용해보자. 푸른색이 일본식 카레의 맛을 한층 끌어올린다.

YUHI's ADVICE!

일본식 곁들임과 함께!

'장아찌' '락교' '붉은 생강'은 곁들임의 세 강자로 일본식의 카레에는 없어서는 안 될 존재! 일본식 카레덮밥의 향과 궁합에 매우 잘 맞는다.

초간단 키마 카레

다진 고기와 채소가 잘 섞이도록 볶아주자.
각각의 향과 맛이 하나가 되면 키마 카레 완성!

Kheema Curry

재료 (4인분)

다진 고기 ··· 300g
가지 ··· 1개
당근 ··· 1개
양파 ··· 1개
마늘 ··· 1쪽
생강 ··· 1톨
토마토 홀(캔) ··· 200g
물 ··· 200㎖
삶은 달걀 ··· 4개
식용유 ··· 2큰술
소금 ··· 1작은술 정도
카레 가루 ··· 2큰술

흰쌀밥 ··· 4공기

만드는 법

1 양파, 가지, 당근은 잘게 다지고 마늘과 생강은 갈아준다.

2 프라이팬에 식용유를 둘러 가열한 뒤 1의 양파를 넣고 투명해질 때까지 중불에서 볶는다. 1의 마늘과 생강을 넣고 강불에서 약 5분간 볶다가 양파가 노릇해지면 중불로 줄여 황금색이 될 때까지 약 10분 정도 더 볶는다.

3 토마토 홀을 넣고 으깨듯이 섞다가 익으면 카레 가루를 넣고 섞으며 중불에서 약 5분간 끓인다.

4 분량의 물과 다진 고기, 1의 가지, 당근을 넣고 잘 섞으면서 중불에서 약 10분 정도 더 끓인다.

   ※ 마지막에 가람 마살라를 넣고 조금 더 끓이면 보다 향이 좋은 키마 카레를 만들 수 있다.

5 수분이 날아가 엉기지 않는 상태가 되면 소금으로 적당히 간을 조절한다.

6 그릇에 밥을 평평하게 담고 5를 고르게 얹은 뒤 삶은 달걀을 얇게 저며 장식하면 완성!

초보자에게 추천하는 키마 카레

키마 카레는 인도의 가정식 드라이 카레로 일반적인 카레보다 조금 전문적인 느낌을 주지만, 사실 초보자가 만들어도 실패율이 가장 낮은 카레 요리다. 고기를 듬뿍 사용해 맛을 내므로 어지간히 간 조절에 실패하지 않고서는 맛이 없을 수가 없다. 이와는 반대로 재료를 적게 사용하는 초간단 카레 쪽이 맛있게 만들기는 더 어렵다. 처음에 어떤 카레를 만들면 좋을지 고민스럽다면 우선 키마 카레에 도전해보자!

돼지고기 생강 카레

일본인이 가장 좋아하는 메뉴인 돼지고기 생강구이를 카레 요리에
응용했다. 나는 생강을 듬뿍 넣는 쪽을 선호한다.

Pork Ginger Curry

재료 (4인분)

얇게 저민 삼겹살 … 400g
양파 … 1개
양배추 … 4~5장
방울토마토 … 적당량
생강 … 2~3톨
요리용 술 … 3큰술
식용유 … 2큰술
참기름 … 적당량
소금이나 간장 … 적당량

A ┌ 간장 … 2큰술
  │ 미림 … 2큰술
  │ 설탕 … 2작은술
  └ 카레 가루 … 2큰술

만드는 법

1 양파는 빗살 모양으로 썰고 양배추는 채를 썬다. 생강은 갈아준다.

2 얇게 저민 삼겹살은 3~4㎝ 폭으로 썰고 **1**의 생강과 요리용 술에 재어 30분 정도 둔다.

　　※ 생강과 술에 재면 돼지고기의 누린내를 잡을 수 있다.

3 A의 재료를 모두 볼에 넣고 섞어 둔다.

4 프라이팬에 식용유를 둘러 가열한 뒤 **1**의 양파를 넣고 숨이 죽을 때까지 중불에서 볶는다.

5 재어 놓은 **2**의 삼겹살을 넣고 중불에서 볶다가 살짝 익으면 **3**을 넣고 조금 더 볶는다.

6 전체적으로 익으면 소금으로 간을 하고 참기름을 넣는다.

　　※ 기호에 따라 소금 대신 간장으로 간을 해도 좋다!

7 그릇에 **1**의 양배추와 미니토마토, **6**을 보기 좋게 담아내면 완성!

최대한 생강의 향을 즐긴다

생강의 풍미를 좋아하는 사람은 볶을 때 생강을 조금 더 넣어도 Good! 프라이팬에 직접 갈아 넣고 향이 날아가지 않은 상태에서 불을 끄자.

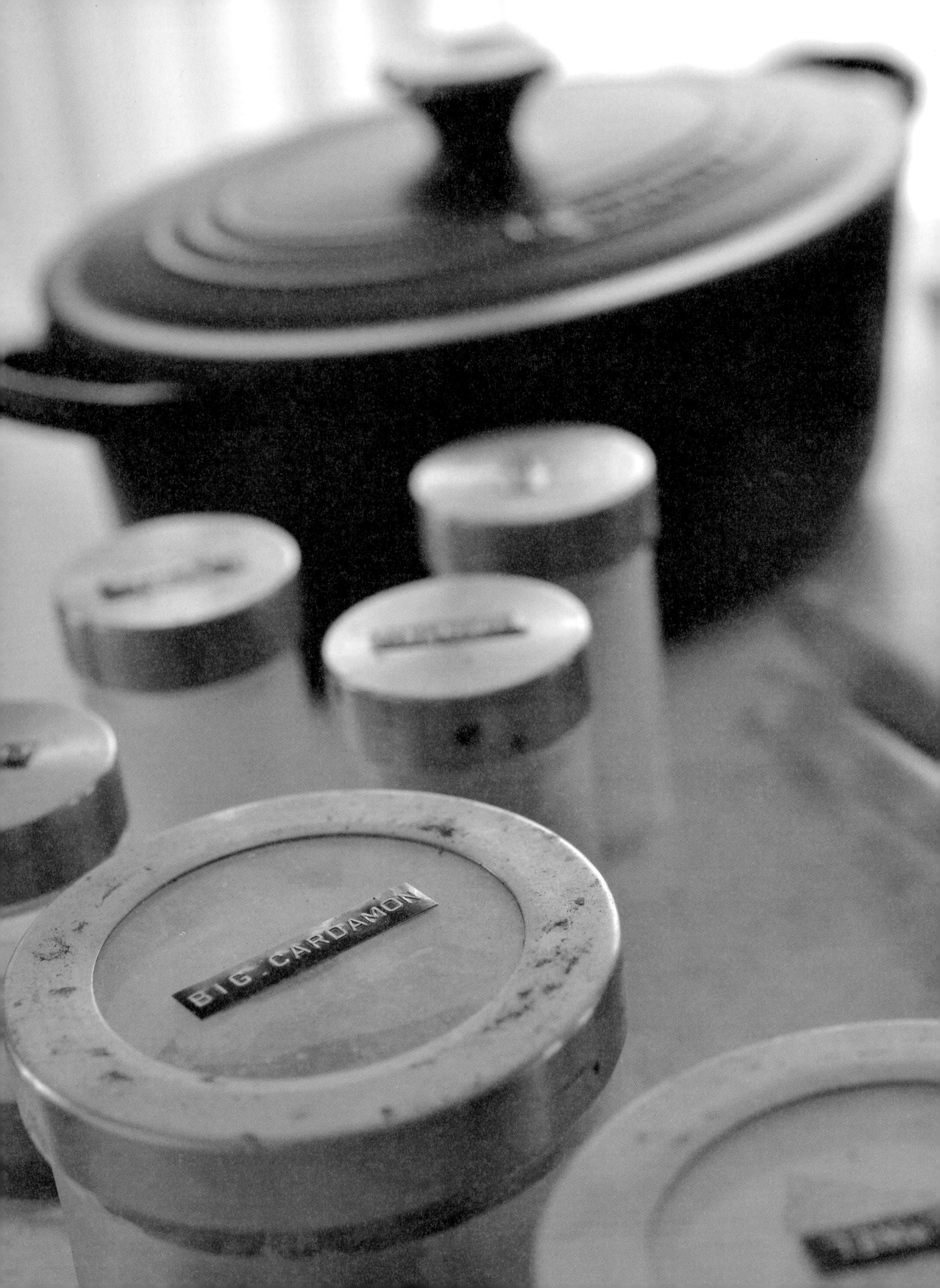

향신료에 매료되어 카레 가루와 만나다

카레 맛집 탐방이 전문이었던 내가 직접 카레를 만들게 된 계기는 잡지 「단츄(dancyu)」의 기획 덕분이었다.

향신료의 전도사로 알려진 와타나베 아키라(渡辺玲) 씨께 카레 요리를 배운다는 기획이었다. 난생 처음 향신료로 직접 카레를 만들어보았는데 정말 놀라울 만큼 맛있었다. 이 기획 덕분에 어머니의 영향으로 '카레는 밖에서 먹는 음식'으로만 생각했던 내가 집밥 카레 요리에 눈을 뜨게 되었다. 그 이후로 나는 향신료 도매점을 돌며 향신료를 사 모았고, 결국 카레 만들기가 취미가 되었다. 하지만, 정통 카레 요리는 만들기가 간단하지 않았다. 매번 많은 양의 양파를 볶고 향신료를 빻으며 템퍼링(기름에 향신료의 향이 배어나오게 볶아주는 작업)까지 해야 한다. 매번 이렇게 많은 작업을 하다 보니 아무리 카레가 좋아도 차츰 부담스러워지기 시작했고 어느새 카레는 친구나 가족을 초대해 홈 파티를 열 때만 만드는 파티 요리가 되어버렸다.

그즈음 마침 NHK의 '채소의 시간'이란 프로그램에서 제철 채소를 사용해 카레를 만드는 코너에 출연하지 않겠냐는 제의가 왔다. 물론 기꺼이 받아들였는데, 그 프로그램에서 만드는 카레는 '어디서나 구할 수 있는 재료로 만드는 카레'라는 조건이 있었다. 전국의 남녀노소가 NHK를 시청하는데 근처 슈퍼에서 구할 수 없는 식재료나 향신료가 들어가면 프로그램을 보는 사람이 같은 요리를 만들 수 없다는 것이 이유였다. 따라서 이 프로그램에서 만드는 카레는 복잡하게 향신료를 배합하지 않고 카레 가루로 만들어야 했다.

사실 나는 그때까지 카레 가루를 거의 사용한 적이 없었다. 카레를 만들지 않는 집에서 자랐을 뿐더러 향신료의 전도사인 와타나베 씨에게 정통 향신료 카레를 배웠기 때문에 카레 가루를 이용한 카레는 만들어볼 기회가 전혀 없었다. 그런데 막상 카레 가루를 이용해 만들어 보니 놀라울 정도로 간단하게 맛있는 카레가 만들어졌다! 그도 그럴 것이 카레 가루는 모든 사람이 '이 맛이야!' 하고 생각할 수 있게 향신료를 배합해 놓은 제품이니 당연한 일이었다.

무엇보다 아주 간단하게 만들 수 있다는 점이 가장 중요한 포인트였다. '좀 번거로운데…' 하고 멀리했었던 카레 요리를 카레 가루를 계기로 다시 가까이 하게 된 것이다. 손쉽게 만들고 싶을 때는 카레 가루를 사용하고 특색 있는 오리지널 카레를 만들고 싶을 때는 향신료를 사용하면 되는 것이다.

조금 과장해서 설명하자면, 나에게 카레 요리의 즐거움을 가르쳐 준 것이 향신료였고 바로 그 향신료 탓에 쉽사리 카레 요리를 시도하지 못하던 나를 해방시켜 준 것이 카레 가루였다(웃음). 이것이 이 책을 '카레 가루로 만드는 카레'와 '향신료로 만드는 카레' 두 가지로 나누어 구성한 이유이다. 중요한 점은 어쨌든 만들어 보는 것!

카레 가루와 향신료를 잘 사용하여 일상에서 즐거운 마음으로 카레 만들기에 도전해보자.

양배추 콘비프 카레

카레의 향과 콘비프의 맛을 머금은 양배추를 즐길 수 있는 손쉬운 레시피.
맥주 안주로도 안성맞춤!

Corned Beef Curry

재료 (4인분)

※ 콘비프(캔) … 1캔
양배추 … ¼통
양파 … 1개
마늘 … 1쪽
생강 … 1톨
물 … 300㎖
간장 … 1큰술
※ 츄노 소스 … 1큰술
식용유 … 2큰술
흑후춧가루 … 1작은술
카레 가루 … 2큰술

만드는 법

1 양파는 잘게 다지고 마늘과 생강은 갈아준다. 양배추는 큼직큼직하게 썬다.

2 프라이팬에 식용유를 둘러 가열하고 **1**의 양파를 넣고 투명해질 때까지 중불에서 볶는다. **1**의 마늘, 생강을 넣고 강불에서 약 5분간 볶다가 양파가 노릇해지면 중불로 줄여 황금색이 될 때까지 약 10분 정도 더 볶는다.

3 카레 가루를 넣고 약 2분간 볶는다.

4 콘비프, 분량의 물, 간장, 츄노 소스 (돈가스와 우스타소스를 섞은 것)를 넣고 잘 섞이도록 중불에서 볶는다.

5 **1**의 양배추를 넣는다. 숨이 죽으면 흑후춧가루를 첨가하고 한번 잘 섞으면 완성!

※ 츄노 소스는 돈가스 소스와 우스터 소스를 섞은 일본 소스입니다. 재료 중 콘비프와 츄노 소스는 일본 식재료 쇼핑몰 등에서 살 수 있습니다.

아침 식사로 응용해보자!

콘비프 카레는 식빵에 얹어 달걀 프라이까지 올리면 꽤 고급스러운 아침 식사 메뉴가 된다. 카레의 적당한 매콤함이 아침에 몸을 깨우는 데 안성맞춤이다.

낫토 키마 카레

생청국장과 카레의 대담한 조합으로
졸린 아침에 활력을 불어 넣어줄 파워풀한 일본식 아침식사!

Natto Kheema Curry

재료 (1~2인분)

다진 생청국장 … 1팩
다진 고기 … 100g
양파 … ¼통
요리용 술 … 50㎖
물 … 100㎖
간장 … 적당량
식용유 … 1큰술
바질(건조) … 1작은술
카레 가루 … 1과 ½작은술
커민 씨 … ½작은술(없어도 OK)

발아현미밥 … 1~2공기

만드는 법

1 양파를 잘게 다진다.

2 프라이팬에 식용유를 둘러 가열하고 **1**의 양파를 넣어 중불에서 약 5분간 볶는다.

　※ 커민 씨가 있으면 프라이팬에 식용유와 함께 넣고 약불에서 가열한 뒤 양파를 넣어 볶으면 향이 한층 더 강해진다.

3 양파가 투명해지면 다진 고기와 카레 가루를 넣고 볶는다.

4 다진 고기가 익어 붉은 부분이 모두 갈색이 되면 요리용 술과 물을 넣고 중불에서 끓인다.

　※ 다진 고기는 수분을 날리면서 익히면 감칠맛이 난다.

5 수분이 날아가면 다진 생청국장과 맛간장(분량 외)을 넣고 중불에서 좀 더 끓인다.

6 좋아하는 농도로 졸이고 간장으로 간을 조절한다. 바질을 넣고 한번 잘 섞어준다.

7 그릇에 발아현미밥과 **6**을 담고 바질을 소량(분량 외) 얹으면 완성!

YUHI's
ADVICE!

커민으로 향을 낸다

꼭 넣어야 하는 재료는 아니지만, 생청국장의 냄새를 잡고 싶다면 스타터 스파이스(조리를 시작할 때 사용하는 향신료, p.9 참조)로 커민 씨를 사용하자. 식용유와 함께 가열하면 사진과 같이 거품이 일고 향이 나기 시작한다.

카레 볶음밥

볶음밥의 재료는 달걀과 매콤한 소시지, 매우 간단!
먹을 때 넘플라(생선 간장)를 조금 넣으면 토속적인 풍미를 맛볼 수 있다.

Curry Fried Rice

재료 (2인분)

밥 … 볶음밥 2~3공기 분량
달걀 … 2개
초리소(매콤한 소시지, 없으면 소시지도 OK) … 4개
베이비콘 … 4개
브로콜리 … ⅓개
※ 중화수프 소스(과립) … 1작은술
식용유 … 3큰술
간장 … 적당량
※ 넘플라(기호에 따라) … 적당량
흑후춧가루 … 적당량
카레 가루 … 2작은술

만드는 법

1 초리소는 5㎜ 폭으로 잘게 자른다. 베이비콘, 브로콜리는 한입 크기로 썬다. 달걀은 작은 볼에 담고 잘 풀어준다.

2 중국 냄비 웍에 식용유를 둘러 가열한 뒤 **1**의 달걀과 초리소를 동시에 넣고 강불에서 볶는다.

3 재료가 익으면 약불 상태에서 밥을 넣고 으깨면서 카레 가루, 중화수프 소스를 넣고 볶는다.

　※ 카레 가루는 조금 이른 타이밍에 넣고 잘 섞어 덩어리가 남지 않도록 하자.

4 밥이 고슬고슬해지면 흑후춧가루를 넣고 잘 섞어준 뒤 간장으로 간을 맞추고 불을 끈다.

5 작은 냄비에 물을 끓이다가 소금을 넣고 **1**의 베이비콘과 브로콜리를 데친다.

　※ 4, 5의 과정을 동시에 진행하면 요리가 식는 일 없이 따뜻한 상태에서 완성할 수 있다.

6 그릇에 **4**를 담고 **5**를 끼얹으면 완성!

　※ 기호에 따라 넘플라를 소량 넣으면 토속적 풍미를 맛볼 수 있다.

※ 넘플라는 태국 조미료의 일종으로 물고기를 소금에 절여서 발효시킨 생선간장이에요.

※ 중화수프 소스와 넘플라는 대형마트나 인터넷 쇼핑몰 등에서 쉽게 살 수 있습니다.

YuHi's ADVICE!

볶음밥은 강불에서 고슬고슬하게

볶음밥의 맛은 고슬고슬한 밥의 정도가 중요하다. 가능한 한 강불에서 조리하고 가정에서는 냄비를 불에서 너무 멀리 떨어뜨리지 않은 상태에서 볶도록 하자.

볶음 카레 스파게티

가장 굵은 파스타로 만들고 싶은 카레 스파게티.
간장을 넣고 볶으면 구수하고
박력 있는 B급 느낌이!

Curry Spaghetti

재료 (4인분)

다진 고기 … 400g
※ 소송채 … 2다발
양파 … 1개
마늘 … 1쪽
생강 … 1톨
토마토 홀 (캔) … 200g
물 … 200㎖
스파게티(굵기 2.2mm) … 400g
※ 콩소메(큐브) … 1개
식용유 … 2큰술
간장 … 적당량
카레 가루 … 2큰술

만드는 법

1 양파는 잘게 다지고 마늘, 생강은 갈아준다. 소송채는 3㎝ 길이로 썬다.

2 프라이팬에 식용유 1큰술을 둘러 가열한 뒤 1의 양파를 넣고 투명해질 때까지 중불에서 볶는다. 1의 마늘, 생강을 넣고 강불에서 약 5분간 볶다가 양파가 노릇해지면 중불로 줄이고 황금색이 될 때까지 약 10분 정도 더 볶는다.

3 토마토 홀을 넣어 으깨고 익으면 카레 가루를 넣어 섞은 뒤 5분 정도 더 끓인다.

4 물 100㎖와 콩소메를 넣고 중불에서 2~3분간 끓인 뒤 다진 고기와 물 100㎖를 넣고 5분 정도 더 끓인다.

5 스파게티를 삶기 시작한다.

※ 권장 표시 시간보다 1분 적게 삶는다.

6 다른 프라이팬에 식용유 1큰술을 둘러 가열하고 1의 소송채를 볶아 4에 넣는다.

7 5의 스파게티와 간장을 4에 넣고 전체를 잘 섞이도록 볶으면 완성!

※ 카레 가루와 간장은 스파게티를 삶은 물을 소량 넣고 잘 섞어준다. 유화시켜 일체감을 내면 한층 맛있어진다.

※ 소송채는 일본의 녹황색 채소로 청경채나 시금치 등으로 대체 가능합니다.

※ 콩소메(큐브)는 멸치다시 국물이나 양지머리 고기 국물로 대체 가능합니다.

YUMI's
ADVICE!

박력의 2.2mm 파스타

카레 스파게티를 만들 때 나는 가장 굵은 2.2mm의 파스타를 사용한다. 굵은 면이 카레 가루와 간장의 강한 맛을 듬뿍 흡수하여 한 접시면 충분히 만족감을 채워줄 수 있다.

카레 핫 샌드위치

충분히 수분을 날린 카레를
노릇하고 맛있게 구운 빵이 감싸주는, 그리움이 묻어나는 맛.

Curry Hot Sandwich

재료 (4인분)

얇은 식빵 … 8장
다진 고기 … 200g
당근 … 1개
감자 … 1개
가지 … 1개
양파 … 1개
마늘 … 1쪽
생강 … 1톨
토마토 홀(캔) … 100g
물 … 100㎖
식용유 … 2큰술
소금 … 적당량
카레 가루 … 2큰술

만드는 법

1 당근, 감자, 가지는 1㎝ 깍둑썰기 하고 양파는 잘게 다진다. 마늘과 생강은 강판에 갈아준다.

2 프라이팬에 식용유 1큰술을 둘러 가열한 뒤 1의 양파를 넣고 투명해질 때까지 중불에서 볶는다. 1의 마늘, 생강을 넣고 강불에서 약 5분간 볶다가 양파가 노릇해지면 중불로 줄이고 황금색이 될 때까지 약 10분 정도 더 볶는다.

3 토마토 홀을 넣어 으깨면서 섞고 익으면 카레 가루를 넣고 잘 섞은 뒤 중불에서 5분 정도 끓인다.

4 1의 당근, 감자, 가지, 다진 고기, 분량의 물을 넣고 잘 섞은 뒤 뚜껑을 닫는다. 채소가 숨이 죽을 때까지 끓인 뒤 충분히 수분을 날린다.

5 기호에 맞게 소금으로 간을 조절한다.

6 2장의 식빵 사이에 5의 카레를 넣고 핫 샌드 메이커로 구우면 완성!

   ※ 핫 샌드 메이커가 없을 때는 구운 빵 속에 넣어 샌드위치를 만들어도 맛있다.

YUMI's ADVICE!

편리한 핫 샌드 메이커

나는 샌드위치를 만들 때 핫 샌드 메이커로 노릇하게 구워 구수함을 즐기는 편이다. 빵의 가장자리가 달라붙어 속의 카레가 밀봉되므로 도시락을 쌀 때도 좋다. 자꾸만 사용하고 싶어지는 편리한 조리기구 중 하나다.

초간단
어니언 수프 카레

토마토의 새콤함에 바질로 포인트를 준 초간단 카레 수프!

Onion Curry Soup

재료 (2인분)

어니언 콩소메수프 소스 ⋯ 4작은술
토마토(생) ⋯ 1개
물 ⋯ 200㎖
갈릭 파우더 ⋯ 1작은술
바질(건조) ⋯ 1작은술
카레 가루 ⋯ 2작은술

만드는 법

1 토마토를 1㎝로 깍둑썰기 한다.

2 작은 냄비에 모든 재료를 넣고 중불
에서 끓여내면 완성!

※ 어니언 콩소메수프의 소스는 다시마차로
대신해도 맛있다. 이럴 경우 다시마차 분량
은 1작은술을 기준으로 하고 취향에 따라
좀 더 추가하면 된다.

식재료를 바꾸어 보자

카레 레시피에 꼭 나오는 말이 "양파를
○○질 때까지 볶고"이다. 레시피에 따라
'갈색' '황금색' 등 표현의 차이는 있지만
어쨌든 양파를 잘 볶는 것이 카레의 기본
이다. 그런데 이를 어니언 수프로 대체하
면 어떻게 될까? 하고 생각해본 것이 이
간단 메뉴의 탄생 비화다. 여러분도 자유
롭게 식재료를 다른 재료로 바꾸어 자신만
의 독자적인 레시피를 만들어보자.

치마요(Chimayo)~ 고추 여행

매운 것을 무척 좋아하는 나는 한때 고추 사랑에 푹 빠져 있었다. 지금은 '하바네로(habanero)'나 '부트 졸로키아(Bhut Jolokia)' 등의 엄청나게 매운 고추도 일반적으로 쓰이게 되었고 인터넷에서 검색하면 전 세계의 고추 종류도 간단히 찾아볼 수 있다. 하지만 20년 전에는 아직 고추의 자세한 종류나 맛의 차이까지는 잘 알려지지 않은 시대였다. 당시 나는 잡지에서 "미국에서 가장 맛있는 고추가 뉴멕시코(New Mexico)주의 치마요라는 마을에서 수확되고 있다"라는 기사를 읽었다.

'미국에서 가장!'

나는 정말이지 '미국에서 가장 최고'라는 말에 너무나 약하다. '미국 역사상 첫~' '미국 전체 차트 No.1' '미국 전체가 울었다!' 등등. '미국에서 가장~'이라는 수식어가 붙기만 해도 분명 대단한 제품일 거라는 생각이 든다(여러분은 그렇지 않은가?). 어쨌든 고추를 좋아하는 나로서는 미국에서 가장 맛있는 고추가 수확된다는 그 마을에 꼭 가야만 했다. 지금으로부터 17년 전인 1999년, 26세 청년이었던 나는 결국 혼자서 뉴멕시코주의 치마요라는 마을까지 고추를 사러 여행을 나섰다. 일본에서 치마요까지 가려면 비행기로 샌프란시스코까지 약 10시간을 날아간 뒤 다시 비행기를 갈아타고 알바카키까지 약 2시간 30분, 알바카키에서 렌터카로 (미야자와 리에의 사진집으로 유명한) 산타페까지 약 1시간, 다시 산타페에서 차로 약 1시간. 공항에서의 환승 시간을 포함하면 집을 떠난 지 대략 20시간 이상이 걸렸다. 집 근처 슈퍼로 고추를 사러 가는 데 비하면 조금 긴 여정이지만 26세의 나는 미국 제일의 고추를 사기 위해 전혀 주저하지 않고 치마요로 여행을 떠났다. 치마요에 도착해 가장 먼저 향한 장소는 고추를 파는 가게였다. 치마요에서는 대량의 고추 다발을 가게 앞에 매달아 놓았다(식용이 아닌 마귀를 쫓는 부적이라 한다). 상점에는 산지의 고추를 산처럼 쌓아놓고 팔고 있었다. 마침내 상봉한 미국 제일의 고추를 앞에 두고 흥분한 나에게 가게의 아주머니가 "맛 좀 보세요"라며 고추를 건네주었다. 아니 마음은 고마웠지만 고추를 먹어보라니, 매울 것이 불 보듯 뻔한데! 정말이지 곤란했다. 하지만 달리 방법이 없어 한입 베어 물었는데, 예상과 달리 달고 맛있는 게 아닌가! 그렇다. 치마요의 고추는 단맛이 강했던 것이다! 물론 매운맛도 나고 과일이나 설탕 같은 단맛이 나지는 않았지만 일반적으로 생각하는 고추 맛과는 전혀 다른 단맛이 느껴졌고 무척 맛있었다. 실제로 치마요에서는 고추를 굳이 매운맛을 내는 요리가 아니더라도 조미료 등으로 사용한다고 한다(고추로 간을 보다니 멋지지 않은가?). '고추=맵다'라는 나의 고정관념이 보기 좋게 깨졌다.

'고추=맛있다!' 카레 요리에서도 고추는 중요한 역할을 한다. 단순히 매운맛의 재료로만 생각하지 말고 종류에 따라 각기 다른 고추의 맛과 풍미, 단맛까지 살릴 수 있게 되면 카레 요리의 즐거움도 한층 늘어날 것이다.

Photo = getty images

Chapter 3

Let's Cook with Spices

의외로 간단하지만 맛은 최고인 카레 요리.
우선 기본적인 향신료 몇 가지를 사용해 최고의 카레 요리를 시작해보자.

향과 맛에
전율하는 정통파!
향신료로 만들기

Spices!

신비의 향!
향신료를 알자

한번 매료되면 빠져나올 수 없다?! 매혹적인 향신료의 세계! 향신료 각각의 향과 효능의 차이를 알면 점점 더 카레 요리가 즐거워진다.

향신료 세계로의 입문에서 중요한 점은 처음부터 많은 향신료를 쓰겠다고 욕심내지 말아야 한다는 것이다. 우선 카레 요리의 기본이 되는 4종류의 향신료 즉

커민, 고수, 강황, 카엔페퍼에 익숙해진 후 카다멈, 정향, 겨자 등 개성적인 향신료를 첨가해 나간다면 향신료가 지닌 각각의 차이를 이해하게 될 것이다. 카레 전문점에 가서 "이곳의 카레는 OO 효능을 기대할 수 있겠군요"라고 말할 수 있게 되면 당신도 멋진 향신료 마스터!

카레의 심오함을 가르쳐 주는
4가지 기본 향신료

카레 요리에 매료되면 향신료에 대한 흥미가 솟기 마련이다.
우선 향신료의 기본인 커민, 고수, 강황, 카엔페퍼를 알아보자.

커민(cumin)

미나리과 한해살이 풀인 커민의 씨를 건조한 것으로 대표적인 향신료다. 톡 쏘는 매운맛과 특유의 진한 향이 특징인데 카레 가루, 가람 마살라에도 배합된다. 인도에서는 소화 촉진을 위한 약으로도 쓰이고 있다. 형태가 캐러웨이(caraway)와 비슷해 자주 착각할 수 있다. 사진은 분말 형태로 만든 것이다.

고수(coriander)

미나리과의 한해살이 풀인 고수의 씨를 건조한 향신료다. 조금 달콤하고 순한 맛이 나는데 레몬, 오렌지 등 감귤계 열매의 껍질 같은 상큼한 향이 특징이다. 달콤한 맛의 요리에도, 매운맛의 요리에도 사용한다. 생잎은 팍치, 샹차이(香菜)라고도 부른다. 사진은 분말형태로 만든 것이다.

강황(turmeric)

생강과의 여러 해살이 식물인 울금의 뿌리와 줄기를 가열, 건조한 뒤에 분말형태로 만든 것이다. 카레의 노란색은 강황 때문으로 흙을 생각나게 하는 강한 향과 쓴맛이 난다. 일본에서는 가을 울금이라 부르며 겨자나 단무지의 색을 내는 데도 사용한다.

카엔페퍼(cayenne pepper)

붉게 익은 고추의 열매를 건조한 향신료로, 매운맛이 강하다. 이름의 유래는 프랑스령 기아나(GUIANA)의 수도 카엔(Cayenne)에서 유래했으며 현재는 주로 가루 형태를 총칭하여 부르고 있다. '칠리 파우더'는 믹스 향신료로 카엔페퍼와는 다르니 주의하자.

코미야마 유우히의 레시피 공개!
오리지널 가람 마살라 만들기

마법의 혼합 향신료를 요리 마무리 단계에 넣으면 향이 나고 맛의 특성이 한층 선명해진다.
숙고를 거듭한 나의 오리지널 배합이므로 꼭 도전해보길!

【 가람 마살라 】

커민 씨(A) ··· 4큰술 통 정향(D) ··· 1큰술 월계수 잎(G) ··· 5장
고수 씨(B) ··· 2큰술 통 흑후추(E) ··· 1큰술 막대 계피(H) ··· 10㎝ 1개
카다멈 씨(C) ··· 1큰술 육두구(넉맷)(F) ··· 1작은술

【 만드는 법 】

1 분량의 향신료를 준비하여 프라이팬에 담는다.

2 향이 날 때까지 잘 섞어주면서 약불에서 볶는다.

3 그라인더에 넣고 갈아준다.

완성!

버터 치킨 카레

일본인에게 꾸준히 사랑받고 있는 버터 치킨 카레를 토마토 주스를 사용해 부드럽게!
감칠맛이 나면서도 담백한 새로운 감각의 카레다.

Butter Chicken Curry

재료 (4인분)

닭다리 살 ⋯ 400g
마늘 ⋯ 1쪽
생강 ⋯ 1톨
토마토 주스 ⋯ 400㎖
플레인 요구르트 ⋯ 50g
버터 ⋯ 20g
생크림 ⋯ 100㎖
샹차이(고수, 기호에 따라) ⋯ 적당량
소금 ⋯ 1작은술 정도

〈분말 향신료〉
커민 ⋯ 2작은술
카옌페퍼 ⋯ ½작은술
강황 ⋯ ½작은술
가람 마살라 ⋯ 1작은술

만드는 법

1 마늘과 생강은 강판에 갈고 닭다리 살은 한입 크기로 썬다.

2 볼에 가람 마살라 이외의 〈분말 향신료〉와 플레인 요구르트를 넣고 잘 섞은 뒤 **1**의 닭다리 살을 넣고 30분 이상 재어 둔다(하룻밤을 재어도 좋다).

3 냄비를 가열한 뒤 버터를 넣고 녹으면 **1**의 마늘과 생강, 토마토 주스를 넣고 중불에서 볶는다.

4 **2**의 닭다리 살과 국물을 넣은 뒤 뚜껑을 닫고 중불에서 약 10분간 끓인다.

5 가람 마살라와 생크림을 넣고 한소끔 끓어오르면 소금으로 간을 맞춘다. 그릇에 담고 기호에 맞게 샹차이를 얹으면 완성!

YUHI's
ADVICE!

토마토 주스로 손쉽게!

보통은 분쇄기나 믹서로 간 토마토 홀을 넣지만 이번에는 좀 더 간단히 만들기 위해 시판 토마토 주스를 사용했다.

포크 빈달루

포르투갈의 식민지였던 고아(Goa)의 명물인 카레.
와인 비니거(wine vinegar)와 카엔페퍼를 추가하여
좀 더 풍부한 맛을 내 보는 것도 재미있다.

Pork Vindaloo

재료 (4인분)

돼지 어깨살(덩어리) … 700g
양파 … 1개
마늘 … 2쪽
생강 … 2톨
토마토 홀(캔) … 200g
화이트와인 비니거 … 3큰술
벌꿀 … 1큰술
식용유 … 2큰술
소금 … 1작은술 정도

〈분말 향신료〉

고수 … 2작은술
커민 … 2작은술
카옌페퍼 … 1작은술
강황 … ½작은술
가람 마살라 … ½작은술
흑후춧가루 … ½작은술

〈통 향신료〉

월계수 잎(건조) … 1장
정향 … 5개
막대 계피 … 5cm
홍고추 … 2개

만드는 법

1 마늘과 생강은 강판에 갈고 돼지고기는 3~4cm 크기로 깍둑썰기 한다.

2 볼에 〈분말 향신료〉를 모두 넣고 (카옌페퍼만 ½ 분량) 여기에 화이트와인 비니거, 벌꿀, 1의 마늘과 생강을 첨가하여 잘 섞는다.

3 2에 1의 돼지고기를 넣고 잘 버무려 2시간 이상 재어 둔다(하룻밤 재도 좋다).

4 양파는 얇게 저민다. 냄비에 식용유와 〈통 향신료〉를 모두 넣고 약불에서 가열한다.

5 4의 양파를 넣고 중불에서 황금색이 될 때까지 볶는다.

6 남은 토마토 홀과 카옌페퍼를 넣고 토마토를 으깨면서 잘 섞은 후 중불에서 끓인다.

7 3의 재어 놓은 돼지고기를 그대로 넣고 약불로 줄여 뚜껑을 닫은 뒤 고기가 부드러워질 때까지 약 1시간 정도 더 끓인다. 마지막으로 소금으로 간을 맞추면 요리 완성!

YUHI's ADVICE!

돼지고기에 충분히 맛이 배게 한다

독특한 신맛과 매운맛을 흠뻑 느낄 수 있으려면 돼지고기에 비니거나 향신료가 충분히 스며들어야 하니 최소 2시간 이상은 재어 놓도록 하자.

호화
해산물 카레

어패류의 풍미와 향신료의 매콤함, 코코넛
밀크의 달콤함이 자아내는 맛의 삼중주!

Seafood Curry

재료 (4인분)

손질 새우 … 10마리
오징어 … 300g
해감한 대합(바지락도 좋다) … 10개
양파 … 1개
마늘 … 1쪽
생강 … 1톨
토마토 홀(캔) … 200g
코코넛 밀크 … 60㎖
물 … 200㎖
식용유 … 2큰술
소금 … 1작은술 정도

〈통 향신료〉

커민 씨 … 1작은술
홍고추 … 1개

〈분말 향신료〉

커민 … 2작은술
고수 … 2작은술
카옌페퍼 … 1작은술
강황 … 1작은술

만드는 법

1 새우는 대가리와 껍질을 벗겨 내장을 제거한다. 오징어는 다리 부분을 잘라내고 내장과 연골을 제거한 뒤 껍질을 벗겨 손질한 후 몸통을 1㎝ 폭으로 썬다(다리는 사용하지 않는다). 양파는 잘게 다지고 마늘과 생강은 갈아준다.

2 냄비에 식용유와 〈통 향신료〉를 모두 넣고 약불에서 익힌다.

3 2의 커민 씨가 튀기 시작하면 1의 양파를 넣고 투명해질 때까지 중불로 볶는다. 마늘과 생강을 넣고 강불에서 약 5분간 더 볶다 양파가 노릇해지면 중불로 줄이고 황금색이 될 때까지 약 10분 정도 더 볶는다.

4 토마토 홀을 넣고 으깨면서 섞다 분량의 〈분말 향신료〉와 소금을 넣고 중불에서 가볍게 끓인다.

5 대합, 1의 오징어, 새우를 넣고 중불에서 조금 더 끓인다.

6 분량의 물에 코코넛 밀크를 풀어 5의 냄비에 넣는다. 끓이다가 대합의 입이 벌어지면 완성!

새우 내장 제거하기

새우 내장은 씁쓸한 맛이 나 입맛을 해칠 수 있으니 제거하도록 한다. 사진과 같이 등을 조금 따면 초록빛을 띠는 실 같은 줄이 나타나는데 반대 방향으로 잡아당기면 깨끗이 제거할 수 있다.

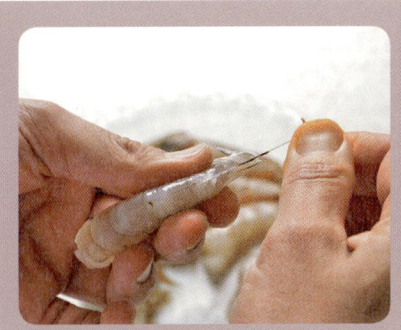

강한 매운맛! 새우 카레

마늘과 새우의 조합은 기대를 벗어나지 않는 맛.
마늘을 잘게 다져 조금 넉넉하게 넣으면 존재감이 한층 UP!

Spicy Shrimp Curry

재료 (4인분)

손질 새우(대) … 10마리
양파 … ⅓개
토마토 홀(캔) … 200g
샹차이(고수) … 적당량
실고추(생략 가능) … 적당량
식용유 … 2큰술
소금 … 1작은술 정도

A
┌ 다진 마늘 … 4쪽
│ 간 생강 … 2작은술
│ 소금, 강황 … 각 ¼작은술
└ 두반장 … 1작은술

〈분말 향신료〉
고수 … 2작은술
카옌페퍼 … 1작은술
강황 … 1작은술

〈통 향신료〉
겨자 씨 … 1작은술
홍고추(송송썰기) … 2작은술

만드는 법

1 새우는 대가리와 껍질을 벗겨 내장을 제거하고 수분을 잘 닦아둔다. A를 모두 볼에 넣고 잘 섞은 뒤 새우를 넣고 잘 묻혀 30분 이상 둔다(하룻밤 두어도 좋다). 양파는 잘게 다진다.

2 프라이팬에 식용유와 〈통 향신료〉를 넣고 약불에서 익힌다.

※ 보글보글 거품이 생기는데, 식용유에 향신료의 향이 배도록 익힌다.

3 겨자 씨가 튀기 시작하면 **1**의 양파를 넣고 중불에서 5분간 볶는다.

4 양파가 투명해지면 토마토 홀을 넣고 으깨면서 잘 섞는다. 뚜껑을 닫고 중불에서 더 끓인다.

5 〈분말 향신료〉를 모두 넣고 잘 섞은 뒤 **1**의 새우를 넣고 약불에서 끓인다.

6 새우의 색이 붉게 변하면 잘게 썬 샹차이를 기호에 따라 적당히 넣고 조금 더 익힌 후 소금으로 간을 맞춘다. 그릇에 담고 실고추를 얹으면 완성!

매운맛＝고추가 아니다!

카레의 매운맛이라면 일반적으로 카옌페퍼 등의 고추를 떠올리겠지만, 사실 인간이 매운맛을 느낄 수 있는 재료는 매우 다양하다. 산초나 마는 물론 생강도 카레에 매운맛을 내는 요소 중 하나다. 향을 내기 위해 사용하는 카다멈도 알싸한 매운 향과 매운맛이 있다. 요리할 때마다 다양한 재료로 매운맛을 연출해보면 좀 더 복합적인 매운맛의 카레를 즐길 수 있다.

카다멈 향을 품은
키마 카레

향이 강한 카다멈 씨앗을 듬뿍 넣은 키마 카레.
오도독 소리와 함께 입 속에 알싸한 향이 퍼진다!

Cardamom Kheema Curry

재료 (4인분)

양파 … 1개
당근 … 1개
마늘 … 1쪽
생강 … 2톨
다진 닭고기살 … 400g
토마토 홀(캔) … 200g
물 … 200㎖
식용유 … 2큰술
소금 … 1작은술 정도
강황 밥(만드는 법 → p.31) … 4공기

〈분말 향신료〉
커민 … 2작은술
고수 … 1작은술
카옌페퍼 … ½작은술
강황 … ½작은술

〈통 향신료〉
카다멈 씨 … 12알

만드는 법

1 카다멈 씨는 씨앗 주머니를 벗겨 씨앗을 꺼낸다. 양파와 당근은 잘게 다지고 마늘과 생강은 강판에 간다.

2 프라이팬에 식용유를 둘러 가열한 뒤 카다멈 씨앗을 넣고 중불에서 가볍게 볶는다.

3 1의 양파를 넣고 투명해질 때까지 중불에서 볶는다. 1의 마늘, 생강을 넣고 강불에서 약 5분간 볶다가 양파의 색이 노릇해지면 중불로 줄여 황금색이 될 때까지 10분 정도 더 볶는다.

4 토마토 홀을 넣고 으깨면서 섞어주고 〈분말 향신료〉와 소금을 넣은 후 중불에서 끓인다.

5 다진 닭고기살과 1의 당근, 분량의 물을 넣고 뚜껑을 닫은 후 중불에서 약 10분간 끓인다.

6 뚜껑을 열고 강불에서 기호에 따라 농도를 조절하며 졸인다. 소금(분량 외)으로 취향에 맞게 적당히 간을 조절한다.

7 강황 밥과 함께 6을 접시에 얹으면 완성!

YUUI's ADVICE!

카다멈 향의 힘

카다멈은 씨앗 주머니를 제거한 씨앗을 요리에 사용한다. 이번 레시피에서처럼 통으로 요리에 넣으면 조금 더 인상적인 향을 즐길 수 있다.

레시피를 의심하라

레시피 책을 쓰면서 이런 말을 하는 내가 조금 이상해 보일 수 있지만, 카레를 조금 더 맛있게 만들 수 있는 힌트는 '레시피를 의심하라!'는 것이다.

레시피 책 그대로 만들었는데도 무언가 부족하다고 느낄 때가 있을 것이다. 분량과 과정을 모두 잘 따라했는데 왠지 맛이 없다. 그렇다고 레시피가 잘못된 것도 아니다. 그러면 왜 레시피대로 했는데 맛이 없는 경우가 생기는 것일까. 바로 재료 때문이다.

재료는 각각 맛과 크기, 향 등 개체에 따른 차이가 있다. 레시피 상에는 '토마토 1개'지만 실제로 토마토를 보면 큰 것도 있고 작은 것도 있다. 새콤한 맛이 강한 것, 수분이 많은 것 등등 같은 토마토라도 차이가 있다. 고기 역시 단단한 것, 부드러운 것 냄새가 있는 것, 나지 않는 것 등 각각의 재료에 차이가 있다.

향신료도 막 구입한 것과 시간이 조금 지난 것은 같은 분량이라도 향이 전혀 다르다. 게다가 사용하는 기구의 차이도 있다. 가스나 냄비가 다르면 '중불에서 10분'이라는 동일한 조리방법을 따라도 재료의 익는 정도에는 차이가 생긴다.

나 역시 집에서는 아주 맛있게 만들었던 레시피로 막상 촬영용 스튜디오에서 카레를 만들어 보면 왠지 기대했던 맛이 나지 않는 경험을 자주 하게 된다. 레시피는 어디까지나 하나의 기준에 지나지 않는다. 전문 요리사도 기준이 되는 레시피를 토대로 계절이나 상황에 따라 달라지는 재료에 맞춰 매번 맛을 조절한다.

레시피 그대로 정밀하게 조리한다고 해서 맛있는 요리가 될 것이라고는 장담할 수 없다. 재료의 맛, 때로는 먹는 사람의 기호나 컨디션을 고려해 맛있는 음식이 될 수 있게 '레시피를 의심하며 요리하자!

이어서 레시피에 관한 또 하나의 힌트!

이 책에서도 언급했지만 카레 요리의 기초는 양파, 마늘, 생강을 볶는 작업이다. 하지만 다양한 레시피 책을 보면 '가장 먼저 양파를 노릇해질 때까지 볶는다' '마늘을 먼저 볶아 향을 낸다' 등 볶는 순서가 제 각각이다. '대체 제대로 된 순서가 있기는 한 것일까?'라는 의문이 들어 친구인 '도쿄카레'의 점장 미즈노(水野)에게 물어보았다. 답은 의외로 간단했다.

그의 대답은 '크기'였다. 식재료는 크기가 큰 것이 당연히 더디게 익는다. 따라서 다진 양파와 간 마늘, 생강 중 양파 쪽이 크기가 커 늦게 익으니 먼저 볶는다. 반대로 모두 잘게 다졌다면 동시에 볶아도 상관없다. 과연, 이 사고는 매우 단순하다! 크기만 신경 쓰면 되는 것이다.

하지만 그렇게까지 엄격한 규칙이 있는 것도 아니고 카레의 본고장인 인도에서도 볶는 순서는 다소 차이가 있다.

그러므로 여러분도 지나치게 레시피에 연연하지 말고 자유롭게 카레 요리를 즐겨보자!

와일드 드라이 카레

수분을 어느 정도 머금을지는 기호에 따라 조절한다.
조금 촉촉해도 맛이 있고, 많이 볶아 수분이 거의 없어도
나름대로의 풍미를 즐길 수 있다!

Dry Curry

재료 (4인분)

다진 고기 … 400g
당근 … 1개
가지 … 1개
샐러리 … 1개
양파 … 1개
마늘 … 1쪽
생강 … 1톨
토마토 홀(캔) … 200g
간장 … 1큰술
츄노 소스(p.53 참조) … 1큰술
물 … 300㎖
식용유 … 2큰술
소금 … 적당량

〈분말 향신료〉

강황 … ¼작은술
카옌페퍼 … 1작은술
고수 … 1작은술
커민… 1작은술
흑후춧가루 … 1작은술
가람 마살라 … 1작은술

만드는 법

1 당근, 가지, 샐러리는 1㎝로 깍둑썰기 한다. 양파는 잘게 다지고 마늘과 생강은 강판에 간다.

2 프라이팬에 식용유를 둘러 가열한 뒤 1의 양파를 넣고 투명해질 때까지 중불에서 볶는다. 1의 마늘, 생강을 넣고 강불에서 약 5분간 볶다 양파가 노릇해지면 중불로 줄여 황금색이 될 때까지 약 10분 정도 더 볶는다.

3 토마토 홀을 넣고 으깨면서 잘 섞고 익으면 가람 마살라 이외의 〈분말 향신료〉를 넣어 중불에서 약 5분간 볶는다.

4 3에 다진 고기, 간장, 소스를 넣고 5분간 볶는다.

5 분량의 물, 1의 당근, 가지, 샐러리를 넣고 각각의 재료가 잘 어우러지도록 약불에서 약 20분간 끓인다.

6 채소가 잘 익으면 가람 마살라를 넣고 5분 정도 볶는다. 소금으로 입맛에 맞게 간을 하면 완성!

수분은 조금씩 조린다

한번 수분을 보충한 후 졸이면 재료들이 잘 어우러진다. 물을 넣고 각각의 재료가 잘 섞이도록 볶으며 졸이다가 원하는 농도가 되면 불을 끄자.

클래식 치킨 카레

카레의 스승 와타나베 아키라 씨에게 배운,
내가 스파이스로 처음 만든 뿌리의 맛.

Authentic Chicken Curry

재료 (4인분)

닭다리 살 … 약 600g
양파 … 1개
생강 … 1톨
토마토(생) … 360g
청고추 … 4개
샹차이(고수, 뿌리 째) … 1묶음
식용유 … 2~3큰술
소금 … 1작은술
코코넛 파인(조각) … 1큰술
카레 잎(건조) … 10장(생략 가능)

〈통 향신료〉

회향 씨 … 1작은술
막대 계피 … 3cm
정향 … 2개
카다멈 씨 … 4알
흑후추(통) … 10알
월계수 잎(건조) … 1장

〈분말 향신료〉

A ┌ 강황 … ¼작은술
  │ 카옌페퍼 … 1작은술
  └ 고수 … 2작은술
B ┌ 가람 마살라 … 1작은술
  └ 굵게 간 흑후춧가루 … 1작은술(수북이)

만드는 법

1 닭다리 살은 3cm 크기로 깍둑썰기 한다. 양파는 얇게 썰고 토마토는 마구 썰기, 청고추는 잘게 썰어준다. 샹차이는 잘게 썰어 뿌리와 잎으로 나누고 생강은 강판에 간다.

2 바닥이 두꺼운 프라이팬에 식용유를 둘러 강불에서 가열하고 분량의 〈통 향신료〉를 모두 넣고 중불로 줄인다. 기름에 향이 배어 나오도록 가열한다.

3 정향과 카다멈 씨가 부풀면 1의 양파, 카레 잎을 넣고 강불로 올린다.

4 양파가 숨이 죽어 부피가 줄면 중불로 줄이고 살짝 노릇해질 때까지 빠르게 볶는다. 불을 줄여가며 절대 타지 않도록 주의한다.

5 양파가 황금색이 될 때까지 볶다가 약불로 줄인 뒤 1의 생강을 넣고 한 번 섞는다. 향이 나기 시작하면 1의 토마토, 청고추, 샹차이의 뿌리를 넣고 다시 중불로 올려 1분간 볶는다.

6 다시 강불로 올려 〈분말 향신료 A〉와 소금을 넣을 때마다 뒤섞어준다. 1분 정도 볶은 뒤에 닭다리 살을 넣고 중불에서 볶는다.

※ 볶다 보면 닭다리 살에서 육수가 나와 카레가 자작해진다.

7 육수를 걸쭉하게 조리는 듯한 기분으로 조금 더 볶는다.

※ 이 때 눌어붙는 것 같으면 소량의 물을 더 넣는다.

8 20분 정도 지나 고기에 육수가 배면 〈분말 향신료 B〉와 코코넛 파인을 넣고 다시 55분 정도 중불에서 끓인다. 접시에 담고 1의 샹차이 잎을 얹으면 완성!

YUHI's
ADVICE!

통 향신료의 향을 즐긴다

꼭 기억해 둘 점이 있다. 바로 스타터 스파이스(p.9 참조)다. 요리를 시작할 때 통 향신료를 가열해 기름에 향이 배게 하면 카레 전체에 그 향이 고루 스며들어 카레 루로는 만들 수 없는 자극적인 향신료의 매력을 맛볼 수 있다.

단호박 카레

단호박의 부드러운 단맛을 간단하게 맛볼 수 있는 카레로
스파이스는 조금 약하게 넣는다.

Pumpkin Curry

재료 (4인분)

단호박 ··· 1개
토마토(생) ··· 1개
청고추 ··· 5개
물 ··· 400㎖
샹차이(고수) ··· 적당량
식용유 ··· 2큰술
소금 ··· 1작은술 정도

〈통 향신료〉

홍고추 ··· 1개
막대 계피 ··· 1개

〈분말 향신료〉

강황 ··· ½작은술
고수 ··· 1작은술
커민 ··· 1작은술
카옌페퍼 ··· ½작은술

만드는 법

1 단호박은 큼직큼직하게 한입 크기로 썰고 토마토는 1cm 크기로 깍둑 썰기 하고 청고추는 5mm 두께로 송송 썰어준다.

2 프라이팬에 식용유와 분량의 〈통 향신료〉를 넣고 나서 약불에서 익힌다.

3 1의 토마토, 청고추를 넣고 중불에서 살짝 볶다가 분량의 〈분말 향신료〉를 넣고 1~2분 더 볶는다.

4 1의 단호박과 분량의 물을 넣고 뚜껑을 닫은 뒤 약불에서 약 10분간 끓인다.

5 단호박이 익으면 소금으로 간을 한다. 접시에 담고 샹차이를 잘게 썰어 얹으면 완성!

단호박 손질을 쉽게

생 단호박은 껍질이 단단해 칼날이 잘 들어가지 않아 손질하기가 쉽지 않다. 그럴 때는 단호박을 통째로 전자레인지에 넣고 500W에서 약 2분간 데우면 꼭지도 잘 따지고 칼이 쉽게 들어간다.

코야마 쿤도와 둘이서 프랑스 북부에 있는 작은 마을, 프레노아 르그랑(Fresnoy-le-Grand), 통칭 르쿠르제(Le Creuset)를 방문했었다. 매일 집에서 카레 요리에 사용하는 냄비가 어떻게 만들어지는지 견학했는데, 원료인 철이 1400℃ 이상의 고열에서 녹는 모습은 압권이었다. 우리는 현지 시장에서 식재료를 구입하여 르쿠르제 회장과 사원들에게 순수 일본식 카레를 대접했다. 과연 일본의 카레는 미식가의 나라 프랑스에서도 통했을까?

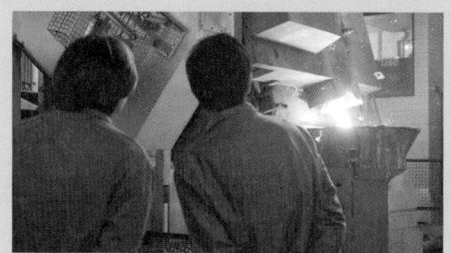

프랑스 르쿠르제로 여행을 떠나다

카레가 이어준 인연은 때로는 상상 이상의 놀라운 경험으로 발전한다.

일본의 민영 방송 BS 후지의 '코야마 쿤도 도쿄회의'가 특집을 기획했다. 냄비를 만드는 주방용품 브랜드 르쿠르제의 프랑스 본사이자 공장을 찾아가 내가 르쿠르제의 냄비를 사용해 회장에게 카레를 만들어 대접한다는 스토리를 제안받은 것이다.

내가 만든 카레가 드디어 국경을 넘어 해외로 '비상'하는 것이다(웃음). 게다가 대접해야 하는 상대가 르쿠르제의 회장! 이렇게 영광스러운 일이 또 있을까? 내가 집에서 카레를 만들 때 사용하는 냄비가 바로 르쿠르제인데 말이다. 만들어야 할 카레의 테마는 '일본의 가정에서 먹는 카레라이스'였다. 르쿠르제 냄비를 사용해 클래식한 인도 카레가 아닌 대부분 일본인이 먹는 전통 카레라이스를 대접한다는 기획이었다. 코야마 씨와 나는 우선 르쿠르제 본사를 방문해 공장을 견학했다. 고열에서 녹인 철이 금형으로 흘러들어가 몇 개나 되는 공정을 거쳐 냄비로 완성되어 가는 모습이 무척 감동적이어서, 보면 볼수록 우리 집 냄비에 대한 애착이 솟아났다. 귀국하면 가장 먼저 냄비를 꺼내 '그렇게 뜨거운데 정말 애썼어!'라고 쓰다듬어 주어야겠다고 생각했다(웃음). 하룻밤을 보내고 카레를 만드는 날, 먼저 아침 일찍부터 식재료를 사러 시장을 찾았다. 나는 해외는 물론 일본의 지방 도시에 갔을 때도 그날 아침에는 가장 먼저 시장을 방문한다. 현지의 식재료가 넘치고 사람으로 붐비는 시장은 그 지역의 활기를 가장 가깝게 느낄 수 있어 가슴

이 설레는 장소이다. 재료를 모두 사고 드디어 카레 만들기에 돌입했다. 익숙한 르쿠르제 냄비라고는 해도 평소와 다른 낯선 부엌에서 허둥대며 좌충우돌한 끝에 카레가 완성!

소고기, 당근, 감자 등의 재료가 들어간, 일본인에게는 너무나 친숙한 카레가 완성되었다. 마침내 회장에게 카레를 내놓았을 때, 나는 무척 긴장했다. 카레에 대한 호불호를 따지기 이전에 지금까지 한 번도 카레라이스를 먹어본 적이 없을 텐데 내 요리를 어떻게 생각할지 걱정스러웠기 때문이다. 한입 크게 카레를 떠먹고 난 회장의 한 마디,

"이거 정말 맛있는데요!"

됐어! 나도 모르게 가슴을 쓸어내렸다. 이제까지 많은 사람에게 카레를 대접해왔지만, 역시 첫 한입의 감상을 들을 때는 매번 가슴이 두근거린다. 그 뒤, 공장에서 일하는 사원들에게도 카레를 대접했고 이때도 무척 호평을 받아 너무나 기뻤다. 프랑스에서는 접시에 소스가 남아있는지 아닌지로 먹은 사람이 그 요리를 정말로 맛있게 먹었는지를 알 수 있다고 한다. 사원들은 카레라이스를 모두 먹은 뒤 접시에 남은 소스를 빵에 묻혀 정말로 깨끗하게 먹어주었다. 너무나 기뻤다! 덧붙이자면, 회장이 식사를 다 마치고 난 뒤 "이 요리, 특히 이 피클 맛이 있네요"라고 장아찌를 마음에 들어 했다. '아, 그것은…!?' 사실 장아찌는 내가 만든 게 아니었지만 굳이 말하지는 않았다. 어쨌든 이로써 일본의, 극히 일반적인 가정의 카레가 국경을 넘어 세계에서도 사랑받을 수 있다는 것을 알았다. 초밥이나 튀김 등 일본의 식문화가 적극적으로 해외로 수출되고 있는데, 일본의 카레라이스 또한 세계로 쭉쭉 퍼져나갈지 모르겠다.

단 그때는 장아찌도 잊지 말아야겠다!

Photo = BS후지 '코야마 쿤도(小山薰堂) 도쿄회의'

채소 카레

선명한 색색의 요리 한 접시가 순식간에
식탁을 화려하게 만든다.
홈 파티에도 추천하고 싶은 요리!

Mixed Vegetable Curry

재료 (4인분)

양배추 … ½통
당근 … 1개
피망 … 3개
붉은 파프리카 … 1개
크레미니 버섯 … 10개
(양송이버섯으로 대체 가능)
생강 … 1톨
물 … 50㎖
식용유 … 2큰술
소금 … 1작은술 정도

〈통 향신료〉
커민 씨… 1작은술

〈분말 향신료〉
강황 … ½작은술
커민 … ½작은술
고수 … ½작은술
카옌페퍼 … ½작은술

만드는 법

1 양배추, 당근, 피망, 붉은 파프리카는 1~1.5㎝ 크기로 깍둑썰기 한다. 생강은 갈아준다.

2 프라이팬에 식용유와 커민 씨를 넣고 약불에서 익힌다.

※ 프라이팬을 기울여 볶으면 좀 더 향이 잘 배어난다.

3 1의 생강을 넣고 중불에서 볶는다. 여기에 1의 당근과 분량의 물을 넣은 후 뚜껑을 닫고 중불에서 3분 정도 끓인다.

4 당근이 익으면 1의 양배추, 피망, 붉은 파프리카, 크레미니 버섯(통째로)을 넣고 중불에서 조금 더 볶는다.

5 4가 모두 익으면 〈분말 향신료〉를 모두 넣고 약 2분간 볶는다. 기호에 맞게 소금으로 간을 하면 완성!

Tip. 옷에 배인 카레 얼룩 빼는 법

요리에서 주로 색을 내는 데 사용되는 향신료가 강황인데 카레 물이 튀어 옷에 색이 배기라도 하면 큰일이다. 특히 카레를 만들 때 튀는 경우가 많으니 주의한다. 그런데, 실제로 옷에 카레 얼룩이 생겼다면?

아주 간단한 방법으로 얼룩을 뺄 수 있다. 바로 햇볕에 말리면 된다! 일상적으로 하는 세탁을 한 뒤에 햇볕에 말리기만 해도 자외선에 약한 강황은 깨끗이 사라진다. 한번 시도해보길!

감자와 완두콩 카레 볶음

메인 요리 만으로 부족할 때 만들기 편리한, 곁들이는 요리의 하나로 생각한 카레다. 사이드 메뉴와 같이 담백하게 완성하는 것이 요령!

Curried Fried Potatoes and Green Peas

재료 (4인분)

감자 … 4개
완두콩(생) … 1팩
양파 … 1개
토마토 홀(캔) … 200g
식용유 … 2큰술
소금 … 1작은술 정도

〈분말 향신료〉
강황 … ½작은술
커민 … ½작은술
고수 … ½작은술
카엔페퍼 … 2작은술
가람 마살라 … 1작은술

만드는 법

1 양파를 얇게 썬다. 감자 1개는 껍질을 벗겨 6등분으로 썰고 완두콩은 콩깍지에서 꺼낸다.

2 냄비에 물(분량 외)과 감자를 넣고 물러질 때까지 삶고, 완두콩은 끓는 물(분량 외)에 넣고 2~3분간 데친다.

3 프라이팬에 식용유를 둘러 가열하고 1의 양파를 중불에서 볶는다.

4 양파가 투명해지면 토마토 홀을 넣어 으깨면서 섞고 가람 마살라 이외의 〈분말 향신료〉를 모두 넣고 약불에서 5분 정도 볶는다.

5 2의 감자와 완두콩을 넣고 뚜껑을 닫아 중불에서 약 45분간 끓인다.

6 소금으로 간을 하고 마지막에 가람 마살라를 넣고 한소끔 끓이면 완성!

YUMI's
ADVICE!

제철 완두콩

시중에서 판매하는 캔(통조림) 제품이라면 완두콩을 1년 내내 사용할 수 있지만, 봄철에는 꼭 생 완두콩을 사용하자. 생 완두콩이 주는 상큼한 향을 즐길 수 있다.

오크라 카레

여름 채소의 대표 선수, 오크라를 사용한 간단한 카레 안주요리이다.
풋콩을 즐기는 감각으로 맥주와 함께!

with the
Spices!

Okra Curry

재료 (4인분)

오크라 … 40개
양파 … 1개
홍고추 … 1개
식용유 … 2큰술
소금 … 1작은술 정도

〈분말 향신료〉
커민(cumin) … 1작은술
고수 … 1작은술
카옌페퍼 … ¼작은술
강황 … 1/4작은술

만드는 법

1 오크라는 적당량의 소금을 발라 도
  마 위에서 굴려 털을 제거한 후 꼭
  지와 밑동을 따고 비스듬히 반으로
  자른다. 양파는 얇게 썬다.

2 프라이팬에 식용유와 고추를 넣고
  약불에서 익히다가 1의 양파를 넣
  고 중불에서 약 5분간 볶는다.

3 양파가 투명해지면 1의 오크라를
  넣고 약 2분간 볶는다.
  ※ 오크라를 잘 볶으면 점액이 없어진다.

4 〈분말 향신료〉 모두와 소금을 넣고
  한번 섞는다. 뚜껑을 닫고 약불로 줄
  여 약 10분 정도 더 쪄 내면 완성!

YUMI's
ADVICE!

오크라 손질

이번 레시피에서 주재료로 사용하는 오크
라는 표면에 희고 가는 털이 나 있다. 소금
을 뿌려 깨끗이 문질러 털을 제거하면 식
감이 좋아진다.

흰살 생선 카레 튀김

흰살 생선의 담백함과 튀김옷의 마늘맛과 튀긴 마늘의
더불 갈릭이 맛의 깊이를 더하는 일품요리!

Curried Fish Fry

재료(3~4인분)

흰살 생선(대구, 가자미 등) … 5토막
마늘 … 5쪽
청고추 … 10개
붉은 파프리카 … ½개
노랑 파프리카 … ½개
식용유(튀김유) … 적당량
소금 … 적당량

A
- 마늘 … 2쪽
- 플레인 요구르트 … 1컵
- 박력분 … ½컵
- 녹말 … ¼컵
- 소금 … ¼작은술
- 후춧가루 … 1작은술

〈분말 향신료〉
커민 … 2작은술
고수 … 1작은술
카옌페퍼 … ½작은술
강황 … ½작은술

만드는 법

1 A의 마늘은 강판에 갈고 흰살 생선은 뼈를 제거하여 한입 크기로 썬다.

2 볼에 A의 재료와 〈분말 향신료〉를 모두 넣고 잘 섞은 뒤 **1**의 흰살 생선을 넣어 버무려둔다.

3 붉은 파프리카, 노랑 파프리카는 한입 크기로 썬다. 청고추는 튀겼을 때 터지지 않도록 나무 꼬지 등으로 몸통에 구멍을 뚫어놓는다.

4 냄비에 식용유를 붓고 170℃로 가열해 마늘과 **3**의 파프리카, 고추 순으로 넣고 튀겨낸다.

5 **2**의 흰살 생선을 넣고 3분 정도 튀긴다.

6 **4**의 마늘, 파프리카, 고추, **5**의 흰살 생선을 접시에 담고 소금을 치면 완성!

※ 흰살 생선의 담백한 맛이 카레 풍미와 잘 어울리지만, 닭고기나 연근 등도 맛이 좋으니 시도해보자.

튀김 기름의 온도 기준

튀김을 할 때 온도계가 없다면 가열된 기름이 너울너울 흔들리고 나서 1~2분 뒤 대나무 젓가락을 넣어본다. 젓가락에 기포가 생기면 170℃라는 기준. 튀김옷이 노릇노릇한 색을 띠도록 바삭하게 튀긴다.

요리가 먼저인가, 식기가 먼저인가!?

카레를 음악에 비유하자면 요리사는 뮤지션, 부엌은 스튜디오, 조리도구는 악기 그리고 완성된 카레는 노래가 아닐까? 그러면 식기는 무엇에 해당될까?

접시는 완성된 카레(노래)를 먹는 사람에게 전달하는 도구로 CD나 레코드, 요즘의 MP3 등 노래를 재생하는 플레이어일 것이다. 스푼이나 포크는 마지막의 마지막, 먹는 사람의 입으로 카레를 운반하는 도구이므로 이어폰이나 스피커와 같을 것이다. 이렇게 음악에 대비해보면 요리에서 식기도 매우 중요한 요소임을 알 수 있다.

코미야마 유우히의 식기 대공개!
즐거운 식탁은 요리가 먼저일까, 식기가 먼저일까!?

오디오 마니아는 같은 앨범이라도 "CD보다 레코드로 들을 때 소리가 좋다"라고 말하는데 카레도 완전히 똑같다. 같은 카레라도 담아내는 접시에 따라 맛이 주는 인상이 전혀 다르다.

나는 신상을 좋아하기 때문에 새로운 휴대용 플레이어를 산 날은 기분이 들뜬다. 그래서 평소라면 듣지 않았을 노래까지 다운로드하여 아침부터 밤까지 음악에 젖어 하루를 보내기도 한다. 다시 말해 음악을 계기로 기계를 사는 것이 아니라 기계를 계기로 음악을 듣는 셈이다. 카레를 포함한 요리 역시 편리한 프라이팬이나 멋진 접시를 사면 그것을 사용하고 싶어 요리를 하는 경우도 있다.

그러니까 말하자면, '요리가 먼저일까, 식기가 먼저일까?'

결론은, 맛있는 카레를 만들 수 있다면 어느 쪽이 먼저인들 다 좋지 않을까?

카레를 좀 더 맛있게 만든다!
간단 샐러드 & 곁들임 양념

기분 좋게 입안에서 터지는 커민의 향!
양배추 아차르

Achar of Cabbage

재료 (3~4인분)

양배추 … 4장
올리브유 … 2큰술
레몬즙 … 1큰술
커민 씨 … 2작은술
소금 … ½작은술 정도
실고추 … 적당량

만드는 법

1 양배추는 한입 크기로 썬다. 프라이 팬에 올리브유와 커민 씨를 넣고 약불에서 익힌다.

2 1의 양배추와 소금을 넣고 약불에서 숨이 죽을 때까지 볶는다.

3 그릇에 담고 레몬즙을 뿌린 뒤 실고추를 얹는다.

※ 아차르는 인도의 김치로 발효식품을 말합니다.

매콤함과 새콤한 맛

양파 아차르

Achar of Onion

재료 (3~4인분)

양파 … 1개
레몬즙 … 1큰술
카옌페퍼 … ½작은술
소금 … 한 꼬집

만드는 법

1 양파는 결을 따라 가능한 한 얇게 채를 썬다.

2 볼에 재료를 모두 넣고 잘 섞은 다음 냉장고에 30분 이상 둔다.

소금으로 문질러 깨끗하게 마무리한다

무 카춤버(인도식 샐러드)

Kachumber of Radish

재료 (3~4인분)

무 … ½개
소금 … ¼작은술
흑후춧가루 … ¼작은술
식초 … 2큰술
설탕 … ½작은술
식용유 … 2큰술
홍고추 … 2개
커민 씨 … 1작은술

만드는 법

1 무는 채를 썰어 볼에 넣고 소금과 흑후춧가루, 식초, 설탕을 넣고 섞는다.

2 프라이팬에 식용유와 홍고추, 커민 씨를 넣고 거품이 생길 때까지 익히다가 향이 나기 시작하면 기름과 함께 1에 넣어 섞는다.

3 냉장고에서 식혀 맛이 고루 배게 한 뒤 그릇에 담고 홍고추를 위에 얹어 장식한다.

신선한 노란색과 황록색이 식탁을 물들인다

감자 사브지(인도식 채소 커리)

Sabzi of Potatoes

재료 (3~4인분)

감자 … 2개
그린 아스파라거스 … 2개
마늘 … 1쪽
물 … 1큰술
식용유 … 2큰술
소금 … 소량
커민 씨 … 1작은술
강황 … ¼작은술
카옌페퍼 … ¼작은술

만드는 법

1 감자는 1cm 크기로 깍둑썰기 하여 물에 담가 전분을 뺀다. 마늘은 잘게 다진다.

2 프라이팬에 식용유와 커민 씨를 넣고 약불에서 익힌다. 향이 나기 시작하면 1의 마늘을 넣고 향이 날 때까지 약불에서 볶는다.

3 1의 감자를 넣고 볶다가 강황, 카옌페퍼를 넣고 섞는다.

4 분량의 물을 넣고 뚜껑을 닫은 후 약 10분간 찐다.

5 작은 냄비에 물을 끓인 뒤 1.5cm 길이로 썬 그린 아스파라거스와 소금을 넣고 데친다. 4와 섞는다.

6 그릇에 5를 담고 소금을 뿌린다.

넘플라(생선 간장)를 넣은 토속적 풍미

콩나물과 오크라 커민 볶음

Fried Okra Bean Sprouts and Cumin

재료 (3~4인분)

콩나물 … 1봉지
오크라 … 5개
마늘 … 1쪽
커민(파우더) … ½큰술
카옌페퍼 … 1작은술
넘플라 … 2작은술
식초 … 1작은술
간장 … 1작은술
식용유 … 2큰술

만드는 법

1 콩나물은 뿌리를 떼고 오크라는 꼭지를 떼어 반으로 가른다.

2 프라이팬에 식용유와 커민을 넣고 나서 강불에서 익힌다.

3 1의 마늘과 콩나물, 오크라를 넣고 중불에서 볶는다.

4 넘플라, 카옌페퍼, 식초를 넣고 잘 섞어준다.

5 간장을 넣고 불을 끈다.

장아찌 대신 카레의 곁들임 반찬으로!

다시마차를 사용한 간단 채소절임

Mizuna Pickled with Kombucha

재료 (3~4인분)

경수채 … 4~5다발
식초 … 2큰술
다시마차 … 1작은술

만드는 법

1 경수채는 2㎝ 길이로 썬다.

2 경수채를 지퍼백 등에 담고 식초와 다시마차를 넣은 뒤 주물러 잘 섞어준다.

3 30분에서 1시간 정도 둔다.

믹스 라이타

그린 처트니

해리사

상큼한 요구르트 샐러드
믹스 라이타
Mixed Vegetable Raita

재료 (3~4인분)

플레인 요구르트 … 400g
토마토(생) … 1개
오이 … 1개
양파 … ½개
마늘 … 1쪽
카옌페퍼 … ¼작은술
소금 … 적당량

만드는 법

1 마늘은 갈아준다. 토마토, 오이,
   양파는 1㎝ 크기로 깍둑썰기 한다.

2 1을 볼에 넣고 요구르트와 카옌
   페퍼를 넣고 섞는다. 소금으로
   입맛에 맞게 간을 한다.

카레에 곁들이는 드레싱으로도 좋은 인도식 소스
그린 처트니
Green Chutney

재료 (3~4인분)

샹차이(고수) … 2다발
생강 … 1톨
청고추 … 4개
카옌페퍼 … ½작은술
레몬즙 … 3큰술
소금 … 한 꼬집

만드는 법

1 청고추는 꼭지를 딴다.

2 모든 재료를 믹서기로 잘 섞는다.
   ※ 믹서기가 없을 때는 칼로 가능한 한 잘게 다져
      섞는다.

튀니지의 고추 만능 조미료
해리사
Harissa

재료 (3~4인분)

카옌페퍼 … 2큰술
다진 마늘 … 2쪽
올리브유 … 2큰술
고수(파우더) … ½작은술
커민 씨 … ½작은술
파프리카(파우더) … ½작은술
캐러웨이(파우더) … ½작은술
소금 … ½작은술
설탕 … 한 꼬집

만드는 법

1 볼에 모든 재료를 넣고 섞는다.
   ※ 수프나 파스타 등에 넣으면 짜릿하고 알싸한
      매운맛을 더할 수 있다.

Special Curry Talk
코미야마 유우히 × 와타나베 아키라

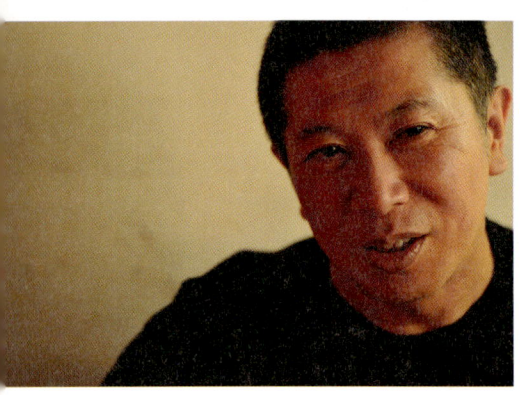

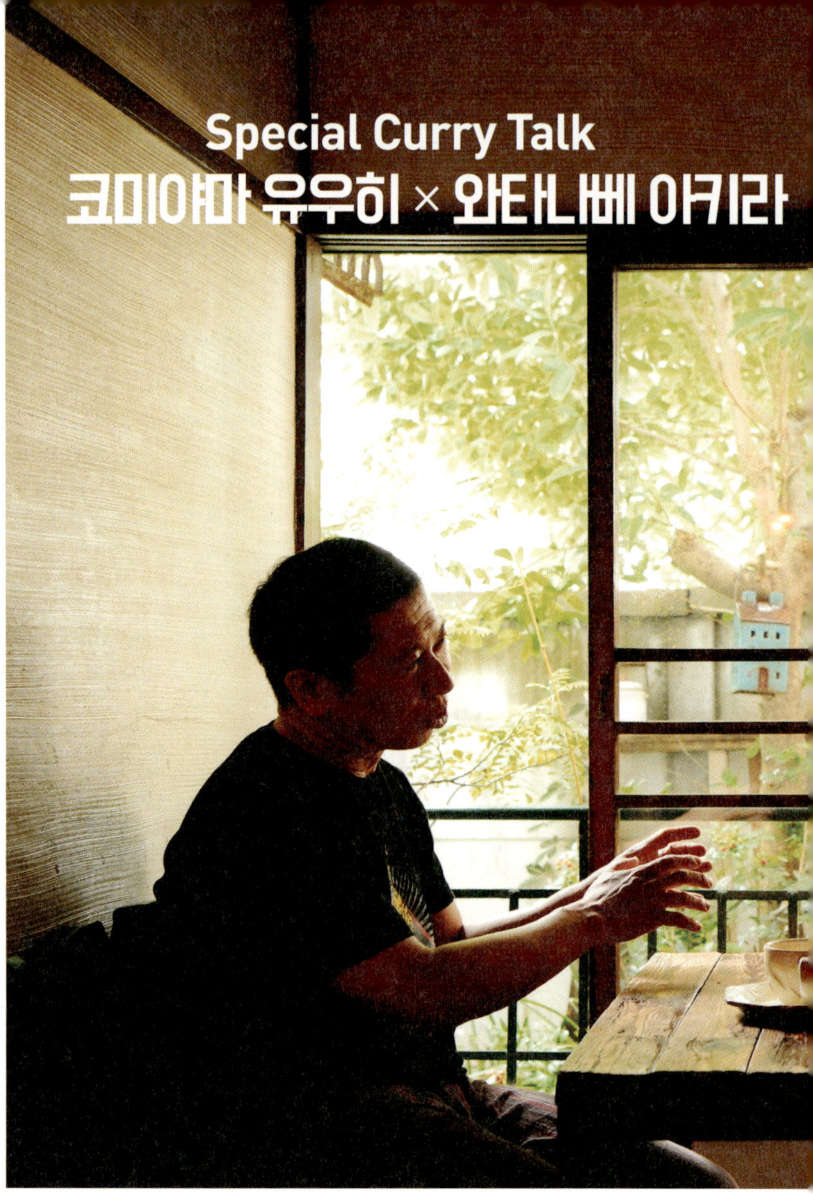

Akira Watanabe

1960년 도쿄 출생으로 와세다(早稲田) 대학 제1문학부를 졸업했다. 인도 요리 강습, 레토르트 카레의 상품 개발 등 폭넓게 활동 중이다. 저서로 『향신료의 황금비율로 만드는 첫 본격 카레』 등이 있다.

"향신료를 잘 활용하여 맛국물을 사용하지 않는 것이 매력"

(와타나베)

코미야마 제가 와타나베 씨를 처음 만난 해가 2008년이었죠. 요리 잡지 「단츄」의 취재였던 것으로 기억합니다.

와타나베 코미야마 씨에게 치킨 카레를 가르친다는 기획이었지요.

코미야마 네, 열심히 카레 맛집을 찾아 다녔고 카레 마니아로 불리기도 했지만 직접 만든 적은 없었습니다. 그러니 와타나베 씨는 저에게 카레 스승이십니다! 그때 맛국물 사용에 대해 질문 드렸더니 "카레에 맛국물은 넣지 않습니다"라고 답하셔서 충격을 받았습니다. 일본인의 정서상 역시 요리에는 맛국물이 필요하다고 생각했었으니까요.

와타나베 하하하, 인도 요리의 가장 흥미로운 점은 향신료를 주역으로 사용하기 때문에 맛국물을 넣지 않는다는 것입니다. 메인 재료가 많이 들어가지요. 고기를 사용한 카레라면 고기가, 채소 카레라면 채소가 듬뿍 들어갑니다.

코미야마 확실히 그렇습니다. 맛국물을 사용하면 국물 쪽이 많아지는데, 맛국물을 쓰지 않으니까 재료의 분량이 많아집니다.

와타나베 네. 인도 카레는 물을 많이 넣으면 싱거워져 맛이 없습니다. 맛국물로 맛을 내는 일본의 요리와는 전혀 다릅니다.

코미야마 이 책에서도 맛국물을 활용하는 것에 대해 고민이 매우 많았습니다. 콩소메를 사용하는 레시피도 있습니다만.

와타나베 아아, 카레 가루에는 맛국물이 어울립니다.

코미야마 그렇습니다. 카레 가루의 경우 맛국물을 넣지 않으면 일본인 입맛에서 보면 뭐랄까… 재탕, 삼탕한 듯한 맛이 납니다.

와타나베 네, 깊은 맛이 나지 않지요.

코미야마 카레 요리의 비법이랄까요, 카레 요리를 만들 때 해주실 조언이 있다면 어떤 것이 있겠습니까?

와타나베 카레 요리는 역시 물을 너무 많이 넣으면 안 된다는 점과 소금 간이 중요하다는 점을 들 수 있을 것입니다.

Yuhi Komiyama

> ## "가장 어려운 것은 소금. 마지막의 소금 조절이 열쇠"
>
> (코미야마)

코미야마 네, 소금은 참 어렵습니다. 순간적으로 맛이 변하니까요. 맛을 완성해주기도 하지만 정량보다 조금이라도 더 많이 넣었다가는 도저히 손을 쓸 수 없을 정도가 되기도 합니다.

와타나베 그렇긴 합니다만 소금이 부족하면 향신료의 풍미가 나오지 않습니다. 아마추어가 만든 카레를 먹고 느낀 점은 조금만 소금을 더 넣는 용기를 발휘하면 좋겠다는 것입니다.

코미야마 이 레시피를 쓰면서도 소금을 4인분에 1작은술로 할지, 1과 ½로 할지를 두고 고민했었습니다만 조금 적게 기재했습니다. 너무 많이 넣어 먹을 수 없게 되면 곤란하니까요. 간이 부족하면 스스로 더 넣으면 되지 않을까 하는 생각도 있었습니다.

와타나베 레시피를 만드는 사람이라면 그렇게 할 것입니다. 인도 요리 카레의 경우 4인분 분량이 1리터 정도라고 할 때 소금은 2작은술입니다. 소금의 입자 크기에 따라 다를 수 있습니다만, 2작은술이나 ½작은술이라면 크게 문제는 없습니다. 여러 조건이 있겠지만, 제가 오랜 시간 작업해오면서 내린 결론은 그렇습니다.

코미야마 앞으로 카레 요리를 하는 데 많은 도움이 될 만한 조언입니다. 또 하나, 양파를 어떤 타이밍에 어느 정도 볶아야 좋은가 하는 문제도 있습니다.

와타나베 일반적으로 인도 사람은 양파보다 마늘이나 생강을 먼저 넣는 것을 선호합니다. 먼저 넣어 볶아 수분을 증발시키는 것입니다. 그런 다음에 양파를 넣는 경우가 비교적 많습니다. 아니면 양파를 먼저 볶고 나서 ⅓ 정도 한쪽으로 밀어놓고 프라이팬의 빈 곳에 마늘과 생강을 넣어 볶는 기술을 사용합니다.

코미야마 그러는 편이 향이 좋기 때문입니까?

와타나베 네. 요컨대 풍미를 내는 것이 목적입니다만 순서는 사실 어느 쪽이든 크게 상관없습니다.

코미야마 그러니까 처음부터 양파를 마늘, 생강과 섞지 않는 것이 좋다는 말씀이시지요?

도쿄, 오시아게(押上)의 '스파이스 카페'에서 가진 대담.
두 사람 모두 오너인 이토 이치죠(伊藤一城)씨의 카레를 눈 깜짝할 사이에 먹어치웠다.

와타나베 그렇습니다. 인도 요리계의 조리법에도 이론 같은 것이 있습니다. 10명 중 7~8명은 같은 방법으로 만들지만 절대적이지는 않습니다. 꼭 다른 방식으로 만드는 사람이 있는데 그쪽도 맛이 있습니다. 그 폭의 넓이와 깊이가 인도 카레의 매력 중 하나입니다.

코미야마 과연 그렇습니다. 카레 레시피의 가장 중요한 점은 역시 향신료를 어떻게 받아들이고 어떻게 사용하는가에 달렸겠지요.

와타나베 이 책은 카레 가루를 사용하는 레시피도 소개하고 있지 않습니까?

코미야마 네. 카레 가루로 손쉽게 만드는 카레 요리와 향신료를 사용해 만드는 정통 카레로 나눕니다.

와타나베 좋은 기획이라 생각합니다. 루에 좀 더 치우쳐 있긴 하지만, 카레 가루를 사용한 카레 요리가 복권되어야 한다고 생각합니다. 진심으로 응원하겠습니다.

코미야마 감사합니다(웃음). 카레 가루는 밥이나 스파게티에 사용하기 쉽다는 면에서 매우 흥미롭습니다. 일반적인 이미지보다 더 다양한 상황에서 더 맛있게 사용할 수 있습니다. 그리고 기본적으로 카레 가루도 사실 혼합 향신료의 일종입니다.

와타나베 그렇습니다. 그래서 무엇을 카레 가루라고 해야 할지 의문이 들기도 합니다. 아마도 기본적으로 강황과 홍고춧가루가 들어있고, 거기에 다른 향신료가 들어가는 것이라고 해야 할까요.

코미야마 글쎄요. 반대로 강황과 고추가 들어있지 않은 것이 가람 마살라겠지요.

와타나베 가람 마살라는 그렇다고 할 수 있겠습니다만, 어떤 것이든 엄밀한 의미에서 완벽한 정의라고는 할 수 없습니다. 여기에도 어느 정도 여지가 있다고 생각합니다.

코미야마 카레 가루가 좀 더 쉽다고는 했지만, 원래 향신료를 사용해 만들어도 단순하달까, 그렇게 복잡하지는 않습니다.

와타나베 사실 그렇지요. 향신료를 사용한 카레라고 하면 아무래도 만들기 어렵다고 생각하기 마련이지만(교정지를 보며) p.8의 카레의 뼈대에 관해 소개한 부분을 보면 카레 요리가 쉽다는 것을 잘 알 수 있습니다. 이론적으로 잘 정리했다고 생각합니다.

코미야마 그렇게 말씀하시니 안심입니다. 카레 가루와 향신료, 어느 것을 사용해도 레시피의 큰 흐름은 하나라는 점을 설명하고 싶었습니다.

와타나베 그리고 이 책의 후기(p.110)에 향신료의 결론이 향이라고 한 점은 매우 훌륭합니다. 저도 저의 책에서 향신료 최고의 역할은 역시 향이라고 밝힌 적이 있습니다. 강황은 향과 색, 카옌페퍼는 매운맛과 향, 고수나 커민은 풍미를 더한다고 하지만 사실 향 쪽이 더 큽니다. 결국 향신료 요리에 있어 핵심은 향일 수밖에 없습니다. 이번에 코미야마 씨의 책을 통해 카레를 즐기는 사람이 더욱 많아지고, 카레 업계가 좀 더 발전했으면 좋겠습니다.

코미야마 꼭 그렇게 되었으면 좋겠습니다. 감사했습니다!

[촬영 협력/스파이스 카페]

**"카레 가루의
활용도가 높다는
사실을 알리고
싶습니다."**

(코미야마)

**"향신료의 가장
중요한 역할은
역시 향이라
할 수 있습니다."**

(와타나베)

카레의 정체
~후기를 대신하여~

　여러분도 아시다시피 이 책에서는 이른바 인도풍 카레뿐 아니라 '청국장 키마 카레'나 '카레 스파게티' 등의 변화구를 포함해 내가 '카레'라고 생각하는 요리를 소개했다.
　그중에는 '이게 카레야?'라고 생각될 요리도 있을 것이다.
　그렇다면, 원래 카레의 정의는 무엇일까?
　일본에서 카레의 대표적 종류는 다음의 4가지가 있다.

- 인도 카레
- 유럽식 카레
- 태국 카레
- 일본식 카레

　하지만 사실 이 4종류 중 어느 하나를 택해도 '이것이 카레다'라는 명확한 정의는 좀처럼 발견할 수 없다.
　물론 인도 카레를 카레의 조상이라고 할 수 있겠지만 실제로는 인도 카레라는 요리 자체가 없다는 것이 유력한 설이다.
　그러므로 만일 인도에 가서 현지 요리사에게 "카레의 정의가 무엇입니까?"라고 질문해도 원래 카레라는 요리가 없으니 대답을 들을 수 없을 것이다.
　한편, 유럽식 카레는 유제품을 넣고 푹 끓인 스튜와 같은 진한 맛이 특징인데 원래 일본에서 생겨난 장르로 실제로는 유럽의 어느 나라에서도 소위 말하는 유럽식 카레를 만들지 않는다.
　그러므로 유럽에 가서 "유럽식 카레의 정의는 무엇입니까?"하고 질문해도 "도대체 유럽식 카레가 무엇입니까?"라고 반대로 질문을 받게 될 것이다.
　게다가 태국 카레로 말하자면, 사실 태국에서는 '깽'이라 부르는 수프를 우리가 (멋대로) 태국 카레라고 부르는 것뿐이다!
　다시 말해 우리가 카레라고 부르며 먹는 대표적인 3대 카레에 관한 진실은 다음과 같이 놀라운 사실로 정리할 수 있다.

- 인도에서는 카레라고 부르는 요리가 없다.
- 유럽에는 유럽식 카레가 없다.
- 태국에서는 원래 카레가 아니라 수프이다.

그렇다면 카레란 대체 무엇일까!?

4종류 중 마지막으로 남는 것이 일본식 카레, 다시 말해 이른바 일본인이 가정에서 먹어온 카레이다. 이는 명색이 카레라는 요리로 존재한다. 하지만 이 또한 정의를 생각하면 실로 이상한 존재다.

왜냐하면 일본인에게 카레는 요리임과 동시에 맛이기도 하기 때문이다. 예컨대 초밥이나 라멘, 우동 등은 어디까지나 요리의 정의이지 맛은 아니다. 초밥 맛이라거나 라멘 맛, 우동 맛이라고는 하지 않는다. 하지만 카레는 맛으로도 받아들이므로 카레 맛이라는 개념이 존재한다.

요리인 동시에 맛이기도 하므로 다른 요리와도 결합하기가 쉽다.

예컨대 '카레 우동' '카레 라멘' '카레 스파게티' 또는 '카레 초밥'은 어렵겠지만, 내가 개발한 '카레 유부'는 존재한다(웃음).

나아가 좀 더 정확히 말하면 우리가 카레 맛이라고 생각하는 것은 재료가 아닌 향신료 부분이므로 정확히는 맛이 아닌 향이다.

다시 말해, 극단적으로 말하면 우리가 눈앞에 나온 요리를 카레로 인식할 것인가 아닌가의 여부는 사실 그 요리법이나 맛이 아닌 카레의 향이 나는가 아닌가의 여부일지도 모른다.

카레의 정체는 향이었다!

이는 나름대로 재미있는 결론이지만, 나는 이조차 단정 짓지 않고

카레에 대한 정의는 없다!

라는 생각으로 카레를 좀 더 자유롭게 먹고 만들며 즐기는 편이 가장 좋다고 생각한다.

정의 없이, 무한한 맛의 세계로 인도하는 카레!

여러분에게 이 책이 그런 무한한 카레의 세계로 들어서는 계기가 되어준다면 행복하겠다.

모쪼록 자유롭게 개성 넘치는 '집밥 카레'를 만들며 카레 라이프를 즐기길 바란다!

카레 가루로 뚝딱! 향신료로 폼나게!

맛있는 한 그릇 카레 DIY

2018년 3월 15일 1판 1쇄 인쇄
2018년 3월 22일 1판 1쇄 발행

지은이 코미야마 유우히(小宮山雄飛)
옮긴이 이진원
발행인 최한숙
펴낸곳 BM 성안북스
주소 04032 서울시 마포구 양화로 127 첨단빌딩 5층(출판기획 R&D 센터)
　　　 10881 경기도 파주시 문발로 112 출판문화정보산업단지(제작 및 물류)
전화 02)3142-0036
　　　 031)950-6386
팩스 031)950-6388
등록 1978.9.18 제406-1978-000001호
출판사 홈페이지 www.cyber.co.kr
이메일 문의 sunganbooks@naver.com
ISBN 978-89-7067-337-0 (13590)
정가 13,000원

이 책을 만든 사람들
책임 전희경
진행 이소정
디자인 앤미디어
홍보 박연주
마케팅 구본철, 차정욱, 나진호, 이동후, 강호묵
제작 김유석

■ **도서 A/S 안내**

성안북스에서 발행하는 모든 도서는 저자와 출판사, 그리고 독자가 함께 만들어 나갑니다.
좋은 책을 펴내기 위해 많은 노력을 기울이고 있습니다. 혹시라도 내용상의 오류나 오탈자 등이
발견되면 "좋은 책은 나라의 보배"로서 우리 모두가 함께 만들어 간다는 마음으로 연락주시기
바랍니다. 수정 보완하여 더 나은 책이 되도록 최선을 다하겠습니다.
성안북스는 늘 독자 여러분들의 소중한 의견을 기다리고 있습니다. 좋은 의견을 보내주시는 분께는
성안당 쇼핑몰의 포인트(3,000포인트)를 적립해 드립니다.
잘못 만들어진 책이나 부록 등이 파손된 경우에는 교환해 드립니다.